JN155303

日本のカニ学

川から海岸までの生態研究史

日本のカニ学

川から海岸までの生態研究史

和田恵次 著

東海大学出版部

Ecology of Crabs in Japan: Research History from Inland to Coast

Keiji WADA
Tokai University Press, 2017
Printed in Japan
ISBN978-4-486-02134-6

1. ハマガニ *Chasmagnathus convexus*
2. ミナミアシハラガニ *Pseudohelice subquadrata*

3. ケブカガニ *Pilumnus vespertilio*
4. マメコブシガニ *Pyrhila pisum*

5. オオシロピンノ *Arcotheres sinensis*（伊藤勝敏撮影）
6. シロナマコガニ *Pinnixa tumida*（伊藤勝敏撮影）

7. トリウミアカイソモドキ *Sestrostoma toriumii*（伊藤勝敏撮影）
8. サワガニ *Geothelphusa dehaani*

9. サワガニ *Geothelphusa dehaani* 抱幼雌
10. カワスナガニ *Deiratonotus japonicus*

11. 転石下のタイワンヒライソモドキ *Ptychognathus ishii*
12. アリアケモドキ *Deiratonotus cristatus*

13. クマノエミオスジガニ *Deiratonotus kaoriae*
14. チゴガニ *Ilyoplax pusilla* の雌雄

15. Waving 中のコメツキガニ *Scopimera globosa*（渡部哲也撮影）
16. 台湾の干潟上を群生するミナミコメツキガニ科の１種 *Mictyris brevidactylus*（玉嘉祥撮影）

17. ヒメヤマトオサガニ *Macrophthalmus banzai* における個体間掃除行動
18. クシテガニ *Parasesarma affine*

19. アシハラガニ *Helice tridens*
20. シオマネキ *Tabuca arcuata* 雄

21. 南タイのマングローブ林内の土壌中から採集されたアシハラガニモドキ *Neosarmatium smithi*
22. マヤプシキ地上根上で摂餌するヒメシオマネキ *Gelasimus vocans*

23. 沖縄島産のシオマネキ *Tabuca arcuata*
24. ベトナム産のベニシオマネキ *Paraleptuca splendida*

25. ベトナム中部のホイアンでみつかった稀少コメツキガニ科の1種 *Pseudogelasimus loii* の生体写真
26. クイラハシリイワガニ *Metopograpsus latifrons*

27. スナガニ *Ocypode stimpsoni*
28. ツノメガニ *Ocypode ceratophthalma*

29. ナンヨウスナガニ *Ocypode sinensis*
30. 集団で放浪するスナガニ *Ocypode stimpsoni*（台湾）（玉嘉祥撮影）

31. イソガニ *Hemigrapsus sanguineus*
32. アカイソガニ *Cyclograpsus intermedius*

33. 海藻の生い茂る潮間帯岩礁上のヒメカクオサガニ *Chaenostoma crassimanus*
34. ホンヤドカリ *Pagurus filholi*

35. モクズガニ *Eriocheir japonica*

はじめに

カニ類とは甲殻亜門（Subphylum Crustacea）十脚目（Order Decapoda）の中の短尾下目（Infraorder Brachyura）としてまとめられるもので，現生種は実に6900種近くに及び，日本の沿岸域からは1000種近くが知られている．世界中の記録種のうち1/7が日本の沿岸に生息しているというのは，日本の沿岸が世界でも有数のカニ類相が豊富なところであることを示している．このことは，日本とほぼ同緯度にあるアメリカ東部の海岸に行って潮間帯を歩けば，その種組成の違いを実感することからもよくわかる．

カニ類のみられるところは，陸上から河川，海岸，浅海域，さらには深海域まで多岐にわたるが，海岸の潮間帯からその直下の潮下帯（水深20 m くらいまで）までの領域が最も種の多様性が高いところとなっている．すなわち比較的アプローチしやすいところが生息場所になっているものが多いため，その生態に関する研究は潮間帯性の種を中心に盛んに行われてきた．私もカニ類の生態研究者のひとりとして，昭和47年から干潟のカニ類を主な対象とした研究生活をほぼ半世紀にわたって行ってきた．その成果は論文として公表してきたが，それらをまとめて紹介しようというのが本書の趣旨である．併せて，私の研究を含め日本の沿岸特に海岸の潮間帯で行われてきたカニ類の生態学的研究を通覧することにした．ただ水産有用種については，水産学上の観点からその生態学的知見が多くの出版物により公表されているので取り上げなかった．

カニ類の生態学的研究には，カニ類のもっている生態的な特性を描出するという自然史学的観点のものと，カニ類を材料として生態学的課題を探る観点のものがある．本書ではこの両面を織り交ぜながらカニ類の生態研究史としてまとめている．同時に日本のカニ類の生態研究者が，学問上どのような貢献をしてきたかも知ってもらえたら幸いである．

目　次

第1章

日本における潮間帯性カニ類の生態研究史

1-1　戦前―博物学的研究

カニ類の生態的知見は，戦前は主に分類学的研究の中で取り上げられていた．酒井　恒博士や上田常一博士による種の報告論文の中に生態情報が取り入れられている．例えば繁殖期がいつであるとか，寄生性の種なら宿主が何であるかとか，特殊なすみ場所の種なら，その生息場所特性が言及されている．行動特性に触れられている種もあり，例えばスナガニ *Ocypode stimpsoni* では発音することとか，コメツキガニ *Scopimera globosa* やチゴガニ *Ilyoplax pusilla* では体を回す運動や摂餌行動にも触れている．日本産カニ類の分類を集大成したのは酒井　恒博士で，その仕事は戦後になるが，『日本産蟹類』（酒井，1976）にまとめられる．上田常一博士による朝鮮産カニ類をまとめた書（上田，1942）は，今は入手が困難であるが，そこには多くの生態情報が記述されている．干潟性のコメツキガニについては摂餌行動に触れながら，その和名の由来は摂餌行動の特徴にあるとしているのが興味深い．口器から排出される砂団子がたくさん干潟上に散らばるのが本種の特徴なのだが，この砂団子を臼で米を突くときに臼の外に飛び出る米粒に譬えたとしている．私はむしろ本種のダンスの様式が，米を突くときのテンポ（ゆっくり振りかぶって，さっと振り下ろす）に似ているのでコメツキガニとなったのではと思っていた．またチゴガニに対しても，コメツキガニ同様に砂団子が散らばっていることから，チゴガニではなく，ムギツキと命名している．上田（1942）には，当時朝鮮の人たちが，スナガニ類やイワガニ類の多くの種を食用にしていたことが記述されている．現在の日本では，潮間帯性のカニはシオマネキ *Tabuca arcuata* くらいしか食用にされないが，スナガニ，ヤマトオサガニ *Macrophthalmus japonicus*，アリアケガニ *Cleistostoma dilatatum*，ヒライソガニ *Gaetice depressus*，ケフサイソガニ *Hemigrapsus penicillatus*，イソガニ *Hemigrapsus sanguineus*，クロベンケイガニ *Chiromantes dehaani*，ベンケイガニ *Sesarmops intermedium*，アシハラガニ *Helice tridens* などが食用となっているのに驚く．

戦前に報告されたスナガニ類の生態報告に，有元（1930）によるコメツキガニの行動観察がある．コメツキガニの生息密度，waving の仕方，巣穴の掘り方，餌の摂り方，潮の干満と光が活動に与える影響などがまとめられている．胃や腸の内容物も検鏡している．同じような観察例は，高橋（1932a）によるタイワンチゴガニ *Ilyoplax formosensis* についてのものが知られる．ただし，ここでタイワンチゴガニとされている種は，論文中の写真からみて本種でなく，おそらくコメツキガニ属の 1 種（ユビナガコメツキ *Scopimera longidactyla* かフタマドコメツキ *Scopimera bitympana*）とみられる．様々な行動だけでなく，巣穴の形状も詳しく調べられている．Waving は雌でも行うという観察や，ツノメガニやシギ，チドリに捕食されるという観察は貴重である．スナガニ類の巣穴の形状は特に当時の研究者が注目していたようで，それに関する論文が高橋（1932a）を含め，いくつか知られている（高橋，1932b；Hayasaka, 1935）．

1-2　地学研究者による干潟のカニ類研究

1950年代から1970年代にかけて，地質学や古生物学の観点からのカニ類研究が盛んに行われた．干潟のカニ類の分布特性－底質や潮位レベルとの関連が福島県の松川浦（今泉，1955）や北海道有珠湾（大島，1963）で調べられた．いずれの論文でも，分布特性に加えて，摂餌行動の特徴や waving についても触れられている．

生痕化石が古生物学者の研究対象であるため，現生種の生痕が彼らによって精力的に研究された．歌代　勤博士は生痕研究グループを組んで干潟の十脚甲殻類や貝類の生態を数多くの種についてまとめている．スナガニ類では，スナガニ（歌代・堀井，1965a），シオマネキ類（歌代・生痕研究グループ，1977），コメツキガニとチゴガニ（歌代・堀井，1965b），オサガニ *Macrophthalmus abbreviatus*（歌代・生痕研究グループ，1974），ヤマトオサガニ（歌代ほか，1966），イワガニ類では，クロベンケイガニ *Chiromantes dehaani*（歌代・生痕研究グループ，1969），アカテガニ *Chiromantes haematocheir*（歌代・生痕研究グループ，1975），アシハラガニ（歌代ほか，1967）について，いずれもその巣穴の形状が詳しく記載されながら，その他の生態的特性にも触れられている．巣穴の形状に関しては，どの種についても，これだけ詳しく調べられた例はほかにはなく，貴重な情報を提供している．特にスナガニについては，巣穴の深さが季節的に調べられており，夏場は30 cm くらいなのに，冬場になると1 m 近くにもなることが報告されているが，巣穴の深さを季節的に追った例は，国内外でもほとんど知られていない．コメツキガニ，チゴガニそれにシオマネキ類については，摂餌行動，waving 行動，配偶行動，闘争行動などが記載されており，また生息地の干潟表層の底生藻類相まで調べられている．アカテガニでは，餌メニューを野外での直接観察から明らかにしており，ミミズ，人糞，朽木，植物の腐敗物，キノコ，海藻，砂泥中の有機物と多岐にわたることが記されている．また日周活動についても，定量的データを使って夜行性であることを示している．特異な行動として木登り行動が観察されており，それによると1.5 m 近くも登ることがあるとしている．クロベンケイガニでも木登りはみられるとしているが，これらの種による木登りの記録はほかには知られていない．アカテガニでは交尾も観察されており，それによると交尾時間が約50分とかなり長いことがわかる．

1-3　スナガニ類の分布生態

干潟に生息するスナガニ類が，種によって分布する底質や潮位レベルが異なることは地質学者らの研究から明らかにされていた（上述）が，これを，すみわけという生態学上の概念に当てはめて詳しく記載したのが小野勇一博士であった．1950年代から1960年代にかけて行われた一連の研究（Ono, 1958, 1962, 1965）は，いずれもスナガニ類各種がどのような habitat niche を占めるかを解析したものである．塩分濃度勾配，潮位高，底質といった環境軸に対して各種がどのような分布の仕方をしているかをまとめ，この環境軸の中では底質が最も種間の相違を反映しているとした．さらに Ono (1965) では，すみわけがつくられる理由としてその生活様式の相違点を挙げて，それをすみ場所の相違と関連付けたのである．生活様式としては餌の摂り方つまり口器の形状の特徴（図1.1）から関連付けている．粗い粒子から有機物を濾し取るのに適した顎脚上の毛をもった種（コメツキガニ，ハクセンシオマネキ *Austruca lactea* など）は砂質のところ，逆に細かな粒子を濾し取るのに適した顎脚上の毛をもった種（ヤ

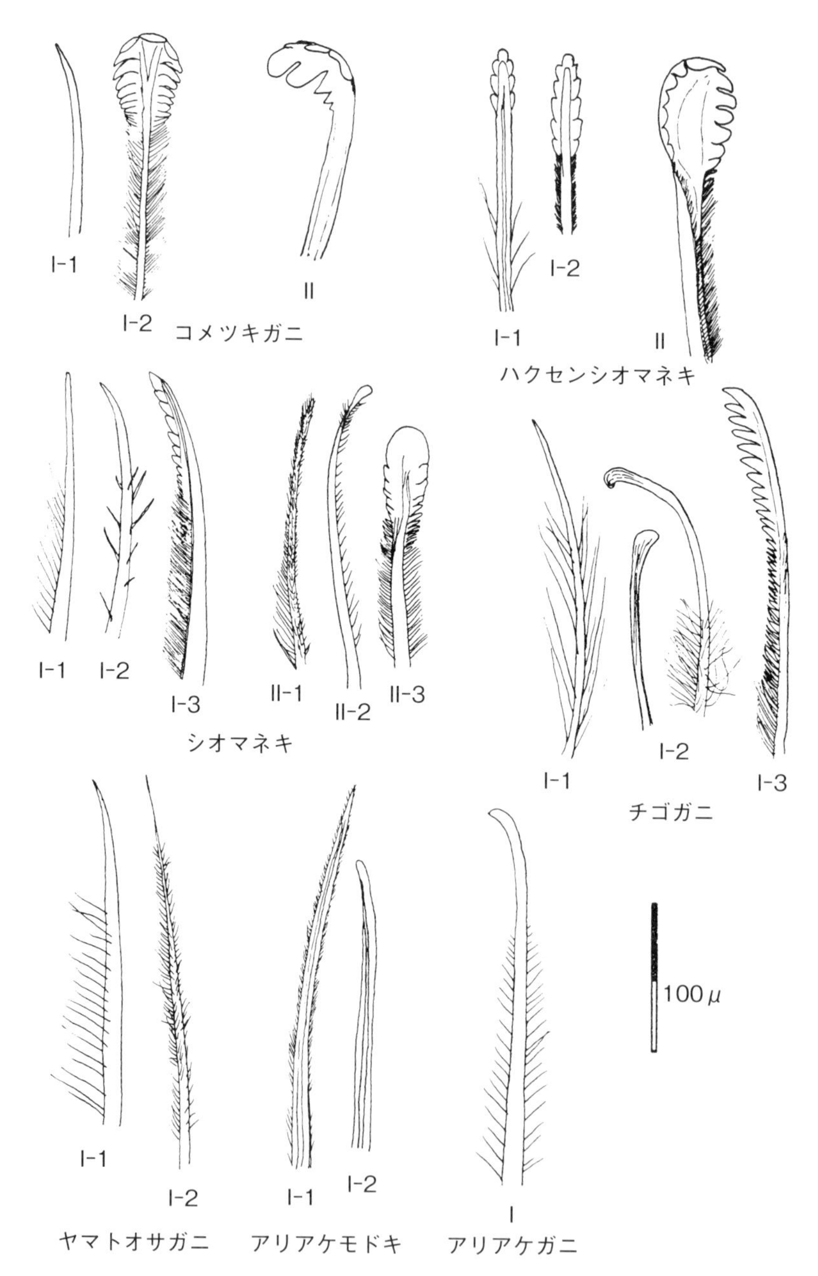

図1.1 スナガニ類7種の口器第1顎脚（I）・第2顎脚（II）上の毛の形状（Ono (1965) より）．コメツキガニ，ハクセンシオマネキ，チゴガニはスプーン状の毛をもつのに対し，シオマネキ，チゴガニ，ヤマトオサガニ，アリアケモドキ，アリアケガニは羽毛状の毛をもつ

マトオサガニ，アリアケモドキ *Deiratonotus cristatus* など）は泥質のところに分布していることを示した．潮位高による分布の相違については，各種の地上活動パターンの違いとなわばりの強さと関連付けている．レベルの高いところに分布する種は，その活動が干出時間を通してみられるのに対し，低いところに分布する種は，水条件との結びつきが高いため，汀線通過時に活動のピークをもつとしている．なわばりの強さとは，巣穴間の距離が，密度の高低に伴って上下するか，変動しないかという点からみており，レベルの高いところにすむ種（ハクセンシオマネキ，チゴガニ）は，この巣穴間距離が密度にかかわらず一定である（強いなわばり性）のに対し，レベルの低いところにすむ種（コメツキガニ，ヤマトオサガニ）は，密度が高くなると巣穴間距離が短くなる（弱いなわばり性）ことを示している．そして塩分濃度勾配に伴う分布の相違については，それぞれの種の塩分濃度耐性を調べ，塩分濃度が低い汽水域上流部まで分布する種は，下流部に偏って分布する種に比べ低塩分に対する耐性が高いことを示している．個々の種がもっている生息場所への選好性には，その種の生活様式が反映されていることを示した点で，生態学上重要な研究と位置づけされるものである．

小野勇一博士の研究をベースに，私は，底質・潮位高とスナガニ類の分布との関係をさらに詳しく解析する（和田・土屋，1975；和田，1976，1982a）とともに，種内の生活史に伴った分布の動態（Wada, 1981a, 1983b, 1983c）や種間関係（Wada, 1983a）を考慮した分布動態の検討を進めた．

スナガニ類の分布と環境要因との関係については，干潟の環境評価の観点より，生態工学の研究者らによって再度詳細に解析されるようになった．上月ほか（2000）では，潮位高と底質と塩分濃度をスナガニ類各種の分布と対応させているが，底質にはシルト率に加え，固さの指標となる貫入抵抗値を取り入れて検討している．シルトは餌環境を，貫入抵抗値は，巣穴環境を反映しているとみることができ，種間での違いが検出されている．さらに餌環境と分布との関連については，シルト含量と分布との対応だけでなく，セルロース含量と分布との関連を見出した研究がある．Kawaida *et al.* (2013) は，セルロース分解酵素であるセルラーゼ活性を，コメツキガニとチゴガニで調べ，その活性は，セルロース含量の高い底質に生息するチゴガニのほうが，セルロース含量の低い底質に生息するコメツキガニよりも高いことを示した．消化酵素の活性の違いが，生息場所の違いと結びついているとみられるのである．

一方浮遊幼生の分布を底生期の分布と関連付けた研究は極めて少ない．河内ほか（2006）は，沖縄石垣島の名蔵川河口域内に分布するミナミコメツキガニ *Mictyris guinotae* とコメツキガニの孵化直後のゾエア幼生が，夜間の引き潮時に河口部を越えて海域に流出することを明らかにしている．同じように，河川河口部より外側に位置する海浜砕波帯でコメツキガニやチゴガニの幼生が出現するという報告（Ismid *et al.*, 1994）もある．これとは逆にコメツキガニのゾエア幼生は，成体が分布している干潟近くの大潮平均低潮線付近に限られて分布することが，Suzuki and Kikuchi (1990) により示されている．これは九州天草下島の富岡湾内15地点でのプランクトンの定量採集を５月から８月まで行った結果からである．さらにこの幼生は，満潮時には成体の分布する干潟域上の水塊にも出現するという興味深い結果が得られている．

1-4　スナガニ類の密度効果

密度効果とは，密度が変化するに伴って個体の成長率，生存率，活動率，繁殖率などが変化する現象を指す．密度効果は，1950年代から1970年代にかけて，日本の個体群生態学の主要な研究テーマでもあり，当時スナガニ類でも密度効果の研究が盛んに行われた．

原田・川那部（1955）は，コメツキガニについて，人為的に密度を高低させても３日で元の密度に戻ることを示した．高密度だと分散個体が出てきてほかの場所に移動すること，低密度だと周りの生息地からの移入が起こることがわかった．また密度を高くすると個体間の闘争が頻発すること，また地上での餌の摂り方も変化することを観察している．同じ頃，杉山（1961）は，コメツキガニの高密度域と低密度域で，個体の活動範囲を比較したところ，春季は違いがないが，夏季になると低密度域のほうが，活動範囲が10倍以上，活動距離にしても３倍以上も広くなることを明らかにしている．

コメツキガニの密度調節機構を実験的に解析したのは山口ほか（1978）である．彼らは，干潟にケージを設置し，様々な密度にしたコメツキガニを設定し，ケージ内での各個体の活動や成長を追跡している．それによると低密度だと地上活動率が高く，かつその状態が干出時間中続くが，高密度だと，干出初期には地上活動率が高いが，その後活動率が時間とともに急速に低下するという全く違った活動パターンが認められた．また夜間の干出時の活動も，低密度下だ

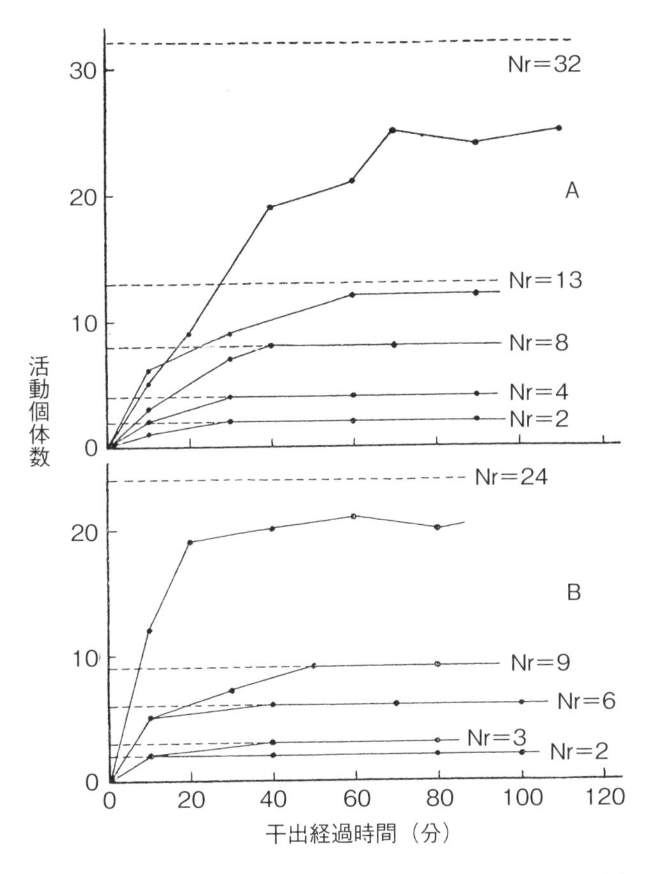

図1.2　チゴガニの生息密度に対する活動個体数の関係（小野（1960）より）．生息個体数（Nr）が増えると，地上活動をしない個体が出現する．AとBは調査場所の違いを示す

とほとんどみられないのに対し，高密度下では20～30％の個体で地上活動がみられている．実に33日間の連続観察から，活動率は小潮から大潮にかけての時期に最も高く，反対に大潮から小潮にかけての時期に最も低くなるが，高活動時と低活動時の活動率の違いが，密度が高いほど小さいことが示された．そして1個体だけだと低活動時には全く地上に現れないことも示された．活動時間の長さは餌摂取量に影響するため，成長も密度とともに低下することが予想されるが，事実4月から11月までの各個体の体サイズの成長率は，密度とともに低下していた．ただし興味深いのは，雄の場合，単独飼育された個体は，集団飼育された個体よりも成長率が低かったという点である．単独下だと極端に地

上活動が抑制され，結果として成長が悪くなったとみられる．ある程度他個体と共存しているほうが，個体の活動も活発化して成長も促進するという正の密度効果をみることができる．

小野（1960）は，チゴガニの地上活動個体が密度の増加に伴って比率が減少する（図1.2）という興味深い観察をしている．この観察も，野外にケージを設置して，チゴガニの雄の生息密度を５段階に分けて干出時間中の活動個体数をみたのである．低密度のときは，すべての個体が干出時間中活動していたのに対し，密度が高いと，一部地上に現れない個体が出現した．しかも，個体識別して観察したところ，その地上に現れない個体というのは，干出時間によって交代することがわかった．私も野外でチゴガニ各個体の行動を追跡していて，一部の個体が巣穴内に入ってこれを閉じてから，しばらくしてまた巣穴から出てきて地上活動を始めるということを観察したことがある．

コメツキガニもチゴガニも，生息密度が増加すると，地上活動を停止する個体が出現するという点で共通しているが，それでは自ら地上活動を抑制する個体はどのような個体なのかが今後検討すべきところであろう．しかしこれらの研究以降，地上活動に対する密度の影響をテーマにした研究は，国内外ともに行われていない．

1-5　社会生態

種内個体間関係に関する研究は，直接観察しやすい干潟上で活動するスナガニ類で進んだ．小野勇一博士は，個体間の反発性を，各個体が所有する巣穴の分布様式から導き出した（小野，1960；Ono, 1965）．小野勇一氏と同じ九州大学理学部生態学研究室に在籍されていた村井　実博士は，もともと昆虫の個体群生態学が専門であったが，小野氏がスナガニ類研究から離れてから，スナガニ類の種内社会関係について地上活動を直接観察する方法で，同じ研究室の五嶋聖治博士，逸見泰久博士，古賀庸憲博士，琉球大学の仲宗根幸男博士らとともに研究を進めた．対象種はシオマネキ類が主であったが，当時熊本大学の山口隆男博士が，ハクセンシオマネキの生態学的研究を盛んに進めており，配偶行動様式に地上交尾と巣穴内交尾の２タイプがあることや，砂泥構築物（シェルター）を繁殖雄がつくることなどを報じていた（Yamaguchi, 1971；山口，1972）．村井氏のグループは，ハクセンシオマネキがもっている配偶様式の適応的意義を明らかにするため，雌雄がつがいを形成する前の特徴やつがい形成後の行動に注目した（Murai *et al.*, 1987）．雄の巣穴に誘導されてつがいになる雌は，ほとんど卵巣がよく発達しているとともに，貯精嚢に精子が十分量入っており交尾済みであることや，雄に誘導される対象になる放浪雌はほとんどが雄個体によって巣穴から追い出されて放浪している個体であることを明らかにしている．

シオマネキ類の他の種（シオマネキ，ルリマダラシオマネキ *Gelasimus tetragonon*，ヒメシオマネキ *Gelasimus vocans*，*Tabuca paradussumieri*，*Tabuca rosea*，オキナワハクセンシオマネキ *Austruca perplexa*）についても，村井氏らは，配偶行動様式と雌の放浪原因，雌のコンディションに対する雄の求愛行動頻度などを主とした解析をしている（Nakasone *et al.*, 1983；Murai, 1992；Murai *et al.*, 1995, 1996, 2002；Goshima *et al.*, 1996；Nakasone and Murai, 1998；Koga *et al.*, 2000）．この中で示された観察事例で，抱卵雌が雄とつがう場合があることがヒメシオマネキ（Nakasone *et al.*, 1983）とルリマダラシオマネキ（Koga *et al.*, 2000）にあることが注目される．

これら一連の村井氏のグループによるシオマネキ類の配偶行動に関する研究に引き続き，山口隆男氏は，ハクセンシオマネキで長年にわたって集めていた生態情報を発表した．その中には配偶行動に関わる情報でそれまで欠落していたものが含まれている．例えば，地上交尾をする雌雄と巣穴内交尾をする雌雄の体サイズに全く違いがなく，かつ，つがいの雌雄の体サイズは，個体群全体でみた雌雄の体サイズとも違いがないということや（Yamaguchi, 2001b），雌の貯精嚢に貯えられた精子は10か月でも授精に有効な場合があること（Yamaguchi, 1998a），また未交尾の雌が雄の巣穴に導かれてからどれくらいの時間で交尾が行われているか（Yamaguchi, 1998b）などが示されている．

配偶行動様式の頻度が，捕食圧によって変わることが，古賀庸憲博士らにより，パナマのシオマネキ類 *Leptuca beebei* を使った野外実験により明らかにされている（Koga *et al.*, 1998）．鳥による捕食圧を変えた条件の場所で配偶行動の頻度を調べたところ，捕食圧を高くしたところのほうが，捕食圧の低いところよりも，地上交尾の頻度は低くなるとともに，雌の放浪頻度も雄の求愛行動頻度も下がり，地上交尾頻度に対する雌の放浪頻度も低くなることが明らかにされている．雌の放浪頻度が地上交尾頻度に比べて低くなることは，結果として巣穴内交尾頻度の割合が低くなることにつながるとしているが，巣穴内交尾頻度つまり雄が放浪雌を自分の巣穴に導き入れた観察例数は明らかにはされていない．

コメツキガニにおいても地上交尾と巣穴内交尾の２つの配偶様式があるが，それは雄と雌の体サイズの関係で決まっており，雄サイズに比して雌サイズが小さいと雄は雌を運びやすいので巣穴内様式が執られるが，雌サイズが雄サイズに比して大きいと雌を運搬する必要がない地上交尾様式が執られる（Yamaguchi *et al.*, 1979；和田，1982a；Henmi *et al.*, 1993；Koga and Murai, 1997）．つがい形成成功率は巣穴内様式のほうが，地上交尾様式よりも際立って低いことも，Henmi *et al.* (1993) により示されている．

コメツキガニを使って精子競争を調べた Koga *et al.* (1993) は，最終交尾雄の精子が授精に有効であることをカニ類で示した数少ない研究として注目される．放射線投与によって不妊にした雄と正常雄を，同一の雌と交尾させ，その雌が交尾後に抱いた卵が正常に発生するか否かをみたのである．最初に正常雄と交尾し，２回目に不妊雄と交尾した雌の卵はほとんど発生が進まない異常卵であったのに対し，最初に不妊雄と交尾し，２回目に正常雄と交尾した雌の卵はほとんど正常卵であった．これより最終交尾雄の精子だけが雌の卵を授精させることが明らかである．多くのスナガニ類で，巣穴内交尾の場合，雌雄が数日同一巣穴に同居することが知られている（Goshima and Murai, 1988；Henmi and Murai, 1999；Koga *et al.*, 1999）が，Koga *et al.* (1993) の成果から，雌雄の同居は，雌が産卵するまで雄が雌をガードするためのものと解釈できることになった．

干潟で集団放浪するミナミコメツキガニでは，配偶行動は地上で観察されることはなく，配偶様式については不明であった．Takeda (2005) は，ミナミコメツキガニの野外観察から，雌が地下に巣穴をもっていて，雄が地上での摂餌活動を終えて巣穴域に戻ると，雌の巣穴に入ってそこで交尾が行われることを明らかにした．

配偶様式に地上交尾と巣穴内交尾が併存するのは，シオマネキ類以外では，コメツキガニのほかにヤマトオサガニでも知られている（Wada, 1984a）．一方で巣穴内交尾しかみられないものにチゴガニがある（Wada, 1981a）．対照的に，同じチゴガニ属のミナミチゴガニ *Ilyoplax integra* では，地上交尾がほとんどである（Kosuge *et al.*, 1992）．これは，ミナミチゴガニが岩礁上にすむという特性に結びついているものとみられる．

個体間の優劣性，なわばり性についても，小野（1960）や Ono (1965) が，

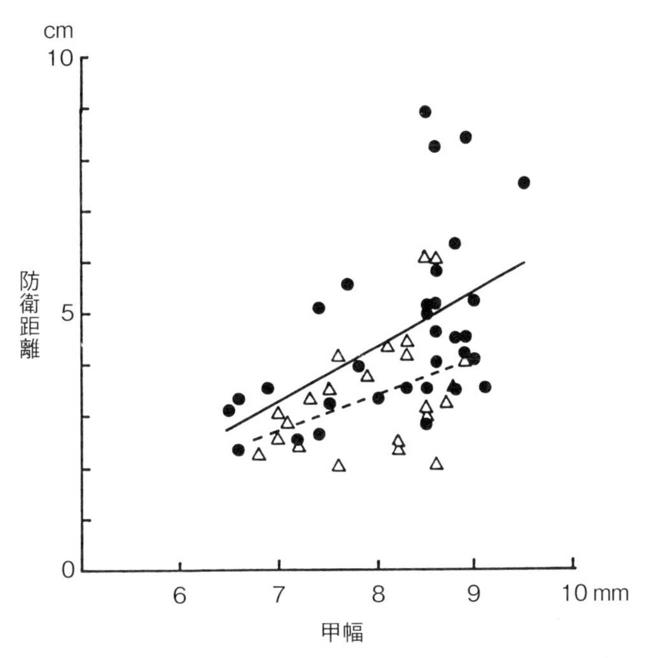

図1.3　チゴガニの体サイズ（甲幅）に対するなわばりサイズ（防衛距離）の関係．黒丸と実線（回帰直線）は雄個体，三角と破線（回帰直線）は雌個体を示す

巣穴の分布様式から検討して以降，個体間の闘争行動の直接観察から，専らスナガニ類で研究が進められた．Wada (1993) は，チゴガニについて，闘争行動の勝敗と体サイズの関係を見出し，なわばりサイズが体サイズに伴って大きくなるとともに，同じ体サイズだと雌より雄のほうが，なわばりサイズが大きいことを明らかにした（図1.3）．体サイズが大きいほうが闘争において優位であることは，コメツキガニ（Wada, 1986）やチゴイワガニ *Ilyograpsus nodulosus*（Nakayama and Wada, 2015b）により示されている．ただしチゴイワガニでは，体サイズが接近している場合，大きいほうが勝つ割合と小さいほうが勝つ割合に違いがなくなるとしている．また雌獲得を巡っての雄間競争においては，4個体同時に競争させた場合，大きい個体が必ずしも優位にはならないという興味深い現象を見出している．イワガニ類の闘争行動は，タカノケフサイソガニ *Hemigrapsus takanoi* とヒメケフサイソガニ *Hemigrapsus sinensis* についてMiyajima *et al.* (2012) が，その闘争頻度や闘争行動要素の性差，種間差を検討している．

コメツキガニの巣穴を巡っての闘争では，巣穴保有個体と侵入個体の体サイズが接近している場合，小さいほうの個体が巣穴保有個体だと大きいほうの個体よりも優位となることがあり，その場合の小さい個体の防衛行動は直接的な戦いではなく，静止や後退などで対応しているという（Takahashi *et al.*, 2001）．さらに侵入個体に捕食圧を与えると巣穴を奪いやすくなるとともに，巣穴所有個体に配偶者を供与すると巣穴防衛が強化されるというように，motivation が闘争の勝敗に影響することが示されている（Koga and Ikeda, 2010）．チゴガニの巣穴を巡っての闘争でも，体サイズと巣穴保有の有無が勝敗に影響するが，その影響の仕方が季節によって異なることが明らかにされている（Sultana *et al.*, 2013）．

なわばり防衛手段に，直接的な攻撃行動を取るのでなく，間接的な防衛行動がみられることがスナガニ類で明らかにされてきた．チゴガニでは，近隣個体の巣穴横に泥の山を築いて自分の領域を守るバリケード構築行動が，Wada (1984b) により明らかにされた．さらに同じチゴガニで，近隣個体の巣穴をふさぐことで自分のなわばりを維持することも知られる（Wada, 1987a）．ヒメヤマトオサガニ *Macrophthalmus banzai* では，近隣個体の体を掃除することで，自分の摂餌場を維持していることも明らかにされた（Fujishima and Wada, 2013）．これら特異ななわばり維持行動の進化過程については，近縁種間の系統関係を基盤にした考察がされている（Kitaura *et al.*, 1998, 2006）．なお他個体の巣穴近くに泥の山を築くのでなく，自分の巣穴に泥の山を築き，それで巣穴を防衛している例を，Wada and Murata (2000) はシオマネキで報告している．

1-6　求愛シグナルと配偶相手の選択

スナガニ類でみられる waving display を，求愛シグナルとして機能解析した研究がいくつか知られている．Muramatsu (2011a, 2011b) は，ハクセンシオマネキの雄が示す waving には 4 つのタイプがあり，それぞれのタイプの対象個体は違っており，lateral-circular type は放浪雌への求愛，circular type は不特定の雌に対する宣伝機能をもっていることを示した．シオマネキの雄の waving でも，特定の雌に向けて行われるものと，不特定の雌に宣伝のために行われるものがあることが，Wada *et al.* (2011) により明らかにされている．コメツキガニでは，雄の waving は，近くの雌のコンディション（交尾受け入れの可否）をみるためのものと理解されている（Ohata *et al.*, 2005）.

チゴガニの waving は，周囲の雄の多くが waving すると，それに伴って頻度が高くなることがわかっており，これは雄同士の競争が waving 頻度を高めていることを示す（Ohata and Wada, 2008a）. 雄間の競争の結果として，チゴガニの waving は，近隣雄間で同調するという特徴をつくり出す. Aizawa (1998) は，チゴガニ雄が，waving のビデオ映像に対して，映像 waving の直後か一定時間経過後のいずれかに，自身の waving を開始するという反応特性をみせることを明らかにし，この反応特性が近隣個体間の waving 同調性をつくり出しているとした.

求愛シグナルが雄にコストを負荷させることが，血液中の乳酸生成速度をみることで明らかにされている. Matsumasa and Murai (2005) は，オキナワハクセンシオマネキで，waving を盛んに行っている雄個体と waving をほとんど行っていない雄個体との間で乳酸レベルを比較したところ，明らかに前者のほうが血液中の乳酸値が高く，これは waving などの活動による無機代謝の高さを示唆している.

求愛シグナルとしての waving に対する雌の反応を調べた研究には，よく waving をしている雄の集団に雌が好んで接近することを示したものがある（Ohata and Wada, 2009）. 類似の研究として，チゴガニのはさみのモデルをつくり，そのモデルのはさみが動くコーナーと動かないコーナーとで雌の接近を比較したもの（Izumi *et al.*, 2016）や，モデルのはさみサイズを大きくしたコーナーと小さいコーナーとで雌の接近を比較したもの（Kawano and Henmi, 2016）がある. 雌は，はさみが動くほうによく接近し，またはさみが大きいほうによく接近したとしているが，この実験は，はさみだけを模したモデルに対する反応をみているだけなので，厳密には雄の waving に対する雌の反応とはみなせない側面がある.

個々の雌の動きを追跡し，雌がつがい形成に至った（雄の巣穴に入る）雄と，つがい形成には至らなかった（雄の巣穴に近づいても中に入らなかった）雄との間で waving を比較した研究が，オキナワハクセンシオマネキで行われた（Murai and Backwell, 2006；Murai *et al.*, 2009）. それによると，雌は，より高くはさみ脚を上げた waving をする雄を好むという結果が得られている. この研究は，カニ類で雌の配偶者選択を見出した数少ない貴重な成果である. 最近では，ハクセンシオマネキの雄が雌を巣穴に導入する際に，一旦入った巣穴の中から発音して雌を巣穴に導入することが明らかになり，しかもその発音のパルス反復速度が速いものほど雌の巣穴への導入を誘発しやすいことが明らかになっている（Takeshita and Murai, 2016）．雌は雄が発する音によって雄を選別している可能性があるのである．この発音行動は直接観察されていないが，その音質から，体の一部をこすり付けて発する摩擦音のようである．

配偶相手の選択を室内で調べた研究は，スナガニ類ではチゴイワガニで，またイワガニ類ではヒライソガニ，タカノケフサイソガニ，ヒメケフサイソガニで知られる．いずれも，水槽内に異なるタイプの雄または雌を2個体対置させて，雌または雄がどちらの相手と交尾するかをみている．ヒライソガニの場合，雄は雌の体サイズに好みの偏りはないのに対し，雌は自分より大きいほうの雄を，自分より小さいほうの雄よりも好むことが明らかにされている（Fukui, 1995）．チゴイワガニにおいても，雌は小さい雄よりも大きい雄を好むのに対し，雄は雌の体サイズに対する好みはみられない（Nakayama and Wada, 2015b）．タカノケフサイソガニとヒメケフサイソガニについては，雄のはさみに生えている毛の房の有無が雌の配偶者選択に影響するかが調べられている（Miyajima and Wada, 2015）．ヒメケフサイソガニでは，はさみの毛房がないと雌に選択されにくくなるのに対し，タカノケフサイソガニでは毛房の有無は雌の選択には影響していなかった．

体色が求愛時のシグナルになりうることを Takeda (2006) が，オキナワハクセンシオマネキで示している．雄の求愛対象となる雌に様々な色を施すと，色によって雄の求愛頻度が変わったのである．具体的には赤，黒，青に塗られた雌への求愛は，白く塗られた雌への求愛よりも低くなったとしている．

1-7　摂餌生態

スナガニ類が干潟表面上の有機物をどれくらい摂取しているかは，Ono (1965) が明らかにしている．そこでは，干潟表面から口器に取り入れられた栄養分のうちのどれくらいが消化管に取り入れられているかが示されている．同じように仲宗根・川（1983）は，オキナワハクセンシオマネキの雄と雌が1日に餌として取り込む有機物量を推定している．山口（1970）は，ハクセンシオマネキについて，砂団子の排出量と年間の活動率から，砂団子の年間の排出量を推定するとともに，年間の有機物摂取量まで推定している．スナガニ類が餌として摂取している干潟表層の有機物の内容については，Meziane *et al.* (2002) が，脂肪酸の内容をスナガニ類の体組織，砂団子，糞，干潟表層で比較することから明らかにしている．沖縄のマングローブ域のスナガニ類３種，ヒメシオマネキ，オキナワハクセンシオマネキ，リュウキュウコメツキガニ *Scopimera ryukyuensis* では，バクテリアが餌分の有機物としての貢献が大きいこと，底生藻類のケイソウ類も少なからず餌分になっていること，これに対して，マングローブデトリタスや大型藻類はそれほど大きくはないことが示されている．

スナガニ類の特異な摂餌行動として，餌になるものを巣穴に運び込む例が，ヒメシオマネキで報告されている（Nakasone, 1982）．この行動は，表面の砂泥だけでなく，アオノリ類を自分の巣穴内に運び込むというもので，冬季に限ってみられるという．堆積物食が基本のスナガニ類にあって，岩盤上の糸上藻類を主な餌にしている種（ルリマダラシオマネキ）（Takeda *et al.*, 2004）や，肉食，腐肉食を示すことがある種（オサガニ属５種）も報告されている（北浦・和田，2005）．

スナガニ類では，水際に放浪して餌を摂る行動がみられることがあるが，ヒメシオマネキにおけるこの行動が大型雄個体にとって適応的であることが，Murai *et al.* (1982, 1983) により明らかにされている．水際付近で放浪する個体には大型雄個体が多いこと，水際付近の底質の有機物含量は，巣穴域よりも高いこと，そしてはさみ脚による餌の運搬速度は大きな雄ほど雌に比べて遅いことを示している．これに対して，主としてヨシ原に生息するイワガニ上科のアシハラガニでは，夏場に大型個体が水際に放浪するが，それは，小型個体への共食いを回避する上で適応的であるという（Kurihara *et al.*, 1988）．

餌内容についての研究は，摂餌行動の直接観察や胃内容物の観察からイワガニ類の種を中心に行われてきた．Takeda *et al.* (1988) は，アシハラガニの胃内容物の季節変化から，季節によって摂餌場所が異なり，初夏には主として砂泥表層の有機物を摂り，初秋には，植物や動物が餌の主体となることを明らかにしている．アシハラガニと同じようにヨシ原内に生息するイワガニ類では，クシテガニ *Parasesarma affine*（Kuroda *et al.*, 2005），ユビアカベンケイガニ *Parasesarma tripectinis*（Hara and Ono, 1976），ベンケイガニ，ハマガニ *Chasmagnathus convexus*（口絵１）（Nakasone *et al.*, 1983）で，それらの胃内容物観察から，ヨシが主な餌で，ほかに動物も捕食していることが明らかとなっている．

マングローブ湿地に生息するイワガニ類については，ミナミアシハラガニ

Pseudohelice subquadrata（口絵２）によるマングローブ植物の落葉分解力が，Mia *et al.* (1999) により明らかにされている．同じように沖縄のマングローブ湿地に生息するタイワンアシハラガニとミナミアシハラガニの胃内容物が比較され，前者では動物が餌の大半を占めるのに対し，後者では維管束植物が餌の大半を占めるという対照的な特徴がみられている（Mia *et al.*, 2001）．

岩礁海岸に生息するカニ類でもその摂餌行動や胃内容物を観察した研究がある．波当たりの強い岩礁を走るショウジンガニ *Plagusia dentipes* を385個体も採集してその胃内容物を調べた研究（Samson *et al.*, 2007）では，餌メニューの大半は石灰藻類で，その割合は冬季に高く夏季に低く，ほかには緑藻や貝類，多毛類，甲殻類などが春季に比較的よくみられたとしている．Kyomo (1999) は，ケブカガニ *Pilumnus vespertilio*（口絵３）について，摂餌行動観察と胃内容物の観察から，餌の多くは紅藻のハイテングサ *Gelidium pussilum* で，そのほかに緑藻，褐藻，藍藻や動物ではクモヒトデや貝類を摂っていることを示した．さらに興味深いのは，これらの餌を，夏季には岩盤上で採っては口に運ぶのに対し，秋以降は海藻類を巣穴に運び込んで貯蔵するようになるという観察である．

岩礁海岸にみられるイワオウギガニ科 Eriphiidae のイボイワオウギガニ *Eriphia smithii* の捕食行動には，はさみ脚の左右性が影響することを，Shigemiya (2003) が報告している．貝殻の形状が，右巻きになっているゴマフニナ *Planaxis sulcatus* と巻きがなく傘型のアマオブネガイ *Nerita albicilla* をイボイワオウギガニに提供したところ，ゴマフニナに対しては，右側のはさみ脚が大きいほうの個体のほうが，左側のはさみ脚が大きいほうの個体よりも捕食が容易であったのに対し，アマオブネガイに対しては，はさみ脚の左右性は捕食活動には影響しなかったのである．

転石海岸にみられるカニ類の餌メニューについては，イソガニのほか，オウギガニ *Leptodius exaratus*・ヒメアカイソガニ *Acmaeopleura parvula*・ケフサイソガニ・ヒライソガニ・アカイソガニ *Cyclograpsus intermedius*，マメアカイソガニ *Cyclograpsus pumilio* で胃内容物をみた研究がある（Lohrer *et al.*, 2000a；奥井・和田，1999；中岡・和田，2014）．ケフサイソガニでは，餌種への選択性が詳しく調べられているが，その中で自種の稚ガニへの捕食傾向が強いことが明らかにされている（Kurihara and Okamoto, 1987；岡本・栗原，1989）．

体組織の安定同位体比（$\delta^{13}C/\delta^{15}N$）から，餌メニューが推定されているものもある．干潟に出現する種では，主に底生藻類を餌にしているものと，植物プランクトン由来のものを餌にしているものがあり，前者にはケフサイソガニ，コメツキガニ，オサガニ，ヤマトオサガニがあり，後者にはマメコブシガニ *Pyrhila pisum*，モクズガニ *Eriocheir japonica*，フタバカクガニ *Perisesarma bidens* が含まれる（Kanaya *et al.*, 2008；Yokoyama *et al.*, 2005）.

1-8　生活史と個体群生態

カニ類の生活史に関する研究は，その多くが個体群構造の経月変化を通して，繁殖期，新規加入期，成長，そして寿命を推定するという内容である．その多くは，底生期の１～２年間の調査データに基づいている．スナガニ上科では，ミナミコメツキガニ（山口，1976；仲宗根・赤嶺，1981），シオマネキ（Otani *et al.*, 1997；Aoki *et al.* 2010），ハクセンシオマネキ（山口，1978；Yamaguchi, 2001a, 2002），コメツキガニ（山口・田中，1974；Wada, 1981a；Suzuki, 1983；Henmi and Kaneto, 1989），チゴガニ（Wada, 1981a；Henmi and Kaneto, 1989；Takayama, 1996），ヤマトオサガニ（Henmi and Kaneto, 1989；Henmi, 1992b, 2000），ヒメヤマトオサガニ（Henmi, 1993），チゴイワガニ（Nakayama and Wada, 2015a），アリアケモドキ（Kawamoto *et al.*, 2012），クマノエミオスジガニ *Deiratonotus kaoriae*（Kawane *et al.*, 2012），カワスナガニ *Deiratonotus japonicus*（Fukui and Wada, 1986）などで報告例がある．これらの種の繁殖期は，その多くが春から夏の期間であるが，ミナミコメツキガニとクマノエミオスジガニ，それにアリアケモドキの一部個体群は，冬季に抱卵雌が出現するという対照的な特徴をもっている．

地域個体群間での繁殖特性特に繁殖期間の異同については，シオマネキ（Aoki *et al.*, 2010），チゴガニ（Takayama, 1996），ヒメヤマトオサガニ（Henmi, 1993），アリアケモドキ（Kawamoto *et al.*, 2012），クマノエミオスジガニ（Kawane *et al.*, 2012）で検討されている．ヒメヤマトオサガニやアリアケモドキでは，地域集団によって繁殖期が夏季と冬季の間で逆転するという現象が見出されている．チゴガニでは，生息地の緯度が低くなるほど繁殖期間が伸びる傾向が認められている．

さらにヤマトオサガニでは，同じ河口域内でも栄養条件が異なる場所間での生活史特性の違いが，Henmi (2000) により検討されている．また個体群特性の年変動をとらえた研究がヤマトオサガニ（Henmi, 1992b）とハクセンシオマネキ（山口，1978；Yamaguchi, 2002）で知られている．いずれも新規加入量に年変動が認められており，年によって新規加入個体の密度が大幅に違うことが報告されている．ヤマトオサガニでは，新規加入量が多い年級群は生息密度も高くなり，そのため密度効果が働いて，成長が遅くなって寿命も短くなるとされる．

ハクセンシオマネキでは，野外個体群の追跡だけでなく，ケージで囲った個体の成長や生残を追跡することで生存率や寿命についてかなり正確な推定がなされている（Yamaguchi, 2002）．それによると，ハクセンシオマネキの寿命は7年以上あり，最大で12年という数字が得られている．また生存率は，0歳の1000個体が7年後には133個体になるとしている．浮遊幼生期の生残率を推定している研究は，ハクセンシオマネキ（山口，1978）とコメツキガニ（山口・田中，1974）でのみ知られている．卵から放出されたゾエア幼生がメガロパとして定着する割合は，コメツキガニでは0.15%，ハクセンシオマネキでは0.005%や0.4%という数字が上げられている．

イワガニ上科で生活史特性について行われた研究は，タイワンヒライソモドキ *Ptychognathus ishii*（Fukui and Wada, 1986），ヒメヒライソモドキ *Ptychognathus capillidigitatus*（Fukui and Wada, 1986），ヒメアカイソガニ（Fukui, 1988），イソガニ（Fukui, 1988），ケフサイソガニ（Pillay and Ono, 1978；Fukui and Wada, 1986；岡本・栗原，1987；Fukui, 1988），ヒライソガニ（Fukui, 1988；飯島・風呂田，1990），アカテガニ（Tanaka and Hara, 1980），カクベンケイガニ *Parasesarma pictum*（Pillay and Ono, 1978），ベンケイガニ（Kyomo, 1986, 2000），ヒメベンケイガニ *Nanosesarma minutum*（Fukui, 1988），アカイソガニ（Fukui, 1988），マメアカイソガニ（Fukui, 1988），アシハラガニ（Omori *et al.*, 1997），ヒメアシハラガニ *Helicana japonica*（Omori *et al.*, 1997），ショウジンガニ（Tsuchida and Watanabe, 1997）などで知られる．このうち，生活史特性の種間比較は，Pillay and Ono (1978)，Fukui and Wada (1986)，Fukui (1988)，Omori *et al.* (1997) で行われている．Fukui (1988) では，転石潮間帯に生息するイワガニ類7種の間でみられる生活史特性の比較を通して，未成熟期の生存率が高く，最大サイズに対する成長率が低い種ほど性成熟達成が遅く，繁殖投資量が少ない特徴をもつことを示した．Pillay and Ono (1978)，Fukui and Wada (1986)，Omori *et al.* (1997) は，いずれも種間での生活史特性の相違を生息場所の特性と関連付けている．

種内の個体群間での生活史特性の相違については，ケフサイソガニ（岡本・栗原，1987），ヒライソガニ（飯島・風呂田，1990），ベンケイガニ（Kyomo, 2000）において検討されている．生息地の緯度に伴った繁殖期間の変異については，ケフサイソガニ，ヒライソガニともに，チゴガニでみられたような高緯度ほど繁殖期間が短くなる傾向が見出されている．ベンケイガニでは，生息地の栄養条件の違いによって繁殖への投資量が異なっていることが示された．

抱卵雌が出現する繁殖期は，イワガニ類では多くの種が春から夏・秋までの期間だが，一部の種で秋から冬あるいは春にかけての時期に繁殖するものがある．ヒメアカイソガニでは秋から春までの期間に抱卵雌が出現し（Fukui, 1988），ショウジンガニでは秋から冬にかけて（Tsuchida and Watanabe, 1997），またヒメアシハラガニでは春から初夏にかけて（Omori *et al.*, 1997）の期間に繁殖している．なおショウジンガニについては，メガロパの定着が詳しく調べられている（Watanabe *et al.*, 1992）．それによるとショウジンガニのメガロパは，4月から6月までの期間に生息地に定着するが，その量は北の卓越風が吹く日に多くなるという．また抱卵雌が出現する期間と新規定着がみられる期間の差から，浮遊幼生期間は6か月以上あるとしている（Tsuchida and Watanabe, 1997）が，これだけの長期にわたる浮遊幼生期間は，コメツキガニで約50日とされている（山口・田中，1974）のに比べると際立って長い．

スナガニ類やイワガニ類に比べると，他の分類群の潮間帯性種で生活史を扱った研究は限られる．イワオウギガニ科のイボイワオウギガニでは，その繁殖活動が3年間の調査から明らかにされている（Tomikawa and Watanabe, 1992）．岩礁海岸に生息する本種は，6月から9月の期間に脱皮に続いて交尾を行い，その直後か，少し期間をおいてから産卵するとしている．同じように岩礁海岸に生息するケブカガニ科のケブカガニでは，配偶行動の日周性や交尾ペアーの体サイズの関係，抱卵雌の体サイズなどが調べられている（Kyomo, 2001）．コブシガニ科の種では，潮間帯（干潟）に出現するマメコブシガニ（口絵4）の生活史が東京湾で調べられている（東・風呂田，1996）．雄のガード行動が5月から7月までみられること，抱卵雌も5月から7月までみられ，新規加入は7月から秋まで続くことなどが明らかになっている．ただ本種は砂中に潜っていることが多く，採集が不十分で，成長や寿命については推定できていない．

潮間帯性のクモガニ上科の種では，モガニ科のヨツハモガニ *Pugettia quadridens*（Fuseky and Watanabe, 1993）とワタクズガニ科のイソクズガニ

Tiarinia corgnigera（Tsuchida and Watanabe, 1991）の生活史が明らかにされている．それによると，繁殖期はヨツハモガニが2月から7月までで，イソクズガニはそれより遅れて6月から9月までとなっている．卵から孵化した幼生が稚ガニになって定着するまでの期間は，両種とも17日以内と短い．定着後1年以内に最終脱皮を行って繁殖可能になるが，繁殖後は両種とも死亡するため，寿命は1年と短い．

小型種のヤワラガニ科の種では，ツノダシヤワラガニ *Lucascinus coraliola* の生活史が調べられている（Gao *et al.*, 1994）．本種の抱卵雌は6月から9月までにみられ，新規加入は9月からみられる．繁殖開始は生後1年で，繁殖後は死亡するため寿命は1年となっている．雌の抱卵数は，小型種のためか，23～220と少ないのも特徴的である．

二枚貝等に寄生するカクレガニ科の種も生活史が，宿主へのすみこみと関連させて報告されている．アサリ *Ruditapes philippinarum* に寄生するオオシロピンノ *Arcotheres sinensis*（口絵5）の個体群構造が2年間にわたって東京湾で調べられている（杉浦ほか，1960）．アサリ体内の雌が抱卵するのは，6月から12月までで，9月に抱卵率が最高となる．雄は雌に比べてアサリ体内からみつかる頻度は低く，宿主体外でもみつかっている．雌の体長組成の経月変化から，新規加入は12月頃から始まり，翌年には繁殖サイズまで成長し，もう1年は生きる（つまり寿命は2年）ようである．オオシロピンノの生活史は，ムラサキインコ *Septifer virgatus* に寄生しているものについても明らかにされている（Asama and Yamaoka, 2009）．雄の一部は宿主外にいるときがあり，雄は雌との配偶のために雌の入っている貝を訪問するとしている．

干潟に生息する二枚貝のオチバガイ *Psammotaea virescens* とイソシジミ *Nuttalia japonica* の体内に共生するフタハピンノ *Pinnotheres bidentatus* の生活史は，小関ほか（2014）により調べられている．本種は5月下旬から9月にかけて産卵し，次世代はその年の秋から冬の間に宿主に入り，次の年の夏季に繁殖するようになるとしている．

内湾の岩礁上に付着する二枚貝カリガネエガイ *Barbatia virescens obtusoides* に寄生するヒラピンノ *Arcotheres* sp.（元 *Pinnotheres alcocki*）の生活史は，渡部哲也氏により詳しく解明された（Watanabe and Henmi, 2009；渡部，2013）．興味深いのは，ヒラピンノでは，雄雌ともに宿主から一旦離れるステージがあることを見出した点である．具体的には，メガロパから変態した第一稚ガニの段階で雌雄とも宿主のカリガネエガイに侵入した後，宿主内で成長して遊泳可能な形状（歩脚に遊泳毛が発達）になると一旦宿主を離れて自由生活性となる．その後，再度宿主に侵入し，歩脚の遊泳毛は雌では退化し雄では少なくなって，宿主内で一生を終えるが，雄は繁殖期に宿主外に出て雌の入った宿主を訪問する．なぜ成長途中で雌雄とも，わざわざ宿主から離れるのか，その理由の解明が待たれる．

1-9　外来種の生態

日本で記録される外来性のカニ類は，その主な生息場所が潮下帯であるが，生態情報がまとめられた例を紹介しておく．クモガニ科のイッカククモガニ *Pyromaia tuberculata* は，アメリカ大陸西岸を原産地とし，1970年に日本で確認された後，本州太平洋沿岸から瀬戸内海，九州北部にかけて広く分布するようになった．東京湾，大阪湾，伊勢湾などの大型の内湾に多く生息するのを特徴としている（風呂田・古瀬，1988）．東京湾で本種が繁栄しているのは，本種のもっている生活史の特性によるところが大きい（風呂田，1990；Furota, 1996a, 1996b）．すなわち，本種は東京湾では周年繁殖しており，幼生の新規加入も周年みられるのである．しかも幼生が定着してからわずか数か月で繁殖可能サイズに達成するというように，繁殖サイクルが速い．そのため東京湾の湾奥部で夏季に生じる貧酸素下による個体群の一時的な消滅があっても，湾口部付近の個体群からの供給により，湾奥部の個体群が維持されているという

ワタリガニ科のチチュウカイミドリガニ *Carcinus aestuarii* は，地中海原産で，日本の沿岸では，イッカククモガニとほぼ同じような大都市周辺の内湾で確認されている．しかし本種は，イッカククモガニのような周年繁殖や早期の性成熟の特徴はもっていない（Furota *et al.*, 1999；風呂田・木下，2004）．本種は冬季に沖合で繁殖し，幼生は岸寄りの海底に3月頃定着し，それ以降岸寄りで成長を続け，続く冬季で繁殖を開始するという．寿命は3年とされている．繁殖場所が沖合のどのようなところなのかはわかっていないが，沖合での繁殖というのは原産地でも知られており，原産地同様の生活史を日本でも示しているとみられる．

1-10　種間関係と群集生態

寄生共生関係でカニ類が共生者となっているのは，アサリやムラサキインコに寄生するオオシロピンノ（杉浦ほか，1960；Asama and Yamaoka, 2009）やオチバガイやイソシジミに共生するフタハピンノ（小関ほか，2014），それにカリガネエガイに共生するヒラピンノ（渡部，2013）で，主にその生活史が調べられている．宿主に対する影響としては，オオシロピンノはアサリの肉重を低下させていることが示されている（杉浦ほか，1960）．干潟下部から潮下帯に分布するシロナマコ *Paracaudina chilensis* の総排泄腔に寄生するシロナマコガニ *Pinnixa tumida*（口絵 6）は，消化管から分泌される粘液を餌にしており，宿主の体重は寄生により減少するため，宿主に負の効果を与えているとみられる（Takeda *et al.*, 1997）．

カニ類が他の潮間帯性動物の体表に共生したり，あるいはその動物のすみかに共生するという例が，Itani (2001) により報告されている．イワガニ上科モクズガニ科のヒメアカイソガニ属の 2 種が共生者で，宿主はアナジャコ *Upogebia major* である．トリウミアカイソモドキ *Sestrostoma toriumii*（口絵 7）は，アナジャコの巣穴にすみこむのに対し，もうひとつのヒメアカイソガニ属の種シタゴコロガニ *Sestrostoma* sp. は，宿主のアナジャコの第一・第二腹節に付き，宿主の体組織を餌にしているとされる．

潮間帯性のカニ類が他の生物の宿主となっている例もある．沖縄西表島の砂泥干潟に普通にみられるフタハオサガニ *Macrophthalmus convexus* の歩脚には，二枚貝のオサガニヤドリガイ *Pseudopythina macrophthalmensis* が付着共生する（Kosuge and Itani, 1994）．オサガニヤドリガイの付着は，実にフタハオサガニの79％でみられるという．また宿主 1 個体当たりの付着数の最大は37個体にも及ぶ．興味深いのは，この貝類の共生は，西表島のフタハオサガニだけでしかみられず，沖縄島ではフタハオサガニが多数分布しているにもかかわらず本二枚貝による共生をみることはないという点である．同じく南西諸島の干潟に生息するオサガニ科のミナミメナガオサガニ *Macrophthalmus milloti* の体表には，エボシガイの 1 種メナガオサガニハサミエボシ *Octolasmis unguisiformis* が付着する（Kobayashi and Kato, 2003）．奄美大島のミナミメナガオサガニでは，38％の個体に本エボシガイの付着がみられている．このエボシガイの付着部位は，宿主のカニ（特に雌個体）の第一・第二歩脚の基部付近の甲上で，その付着の仕方から，宿主のカニには，はさみ脚が追加で付いているようにみえる．オサガニヤドリガイもメナガオサガニハサミエボシも，宿主に対してどのような影響をもつものかは不明なままである．

カニ類の体内に寄生する吸虫類についても干潟性のカニ類で調べられている（木船・古賀，1996；信貴ほか，2005）．この吸虫類はカニ類を中間宿主とするもので，コメツキガニ，ヤマトオサガニ，ケフサイソガニ，アシハラガニなどの体腔内や卵巣・中腸腺にすみついている．これらの吸虫が宿主に与える影響として，Koga (2008) は，コメツキガニの雄と雌それぞれの体重増加量と繁殖成功率を，寄生者数と関連付けて検討している．それによると，吸虫の寄生は，宿主の体重にも繁殖成功にも影響しないとしている．

カニ類に体内寄生する甲殻類フクロムシ（*Sacculina*）による影響については潮間帯性のイソガニやアカイソガニで研究されてきた．アカイソガニでは2種類のフクロムシの寄生があり，寄生によりアカイソガニの雄は腹肢が雌化するが，雌は寄生によっても特に形態上の変化はみられないとしている（Yamaguchi *et al.*, 1999）．イソガニではその寄生率は極めて高く，場所によっては60%を超えるところもある（Yamaguchi *et al.*, 1994）．イソガニでもフクロムシの寄生により雄の腹肢は雌化するが，寄生による成長への影響はほとんどなく，フクロムシの生殖巣である externa が消失すると，宿主のイソガニは正常に脱皮するという（Yamaguchi *et al.*, 1994）．しかしフクロムシに寄生されたイソガニは，フクロムシのノープリウス放出時には，自身が幼生を水中に放出するのと同じスタイルで腹部の伸長を繰り返す（Yamaguchi *et al.*, 1994；Takahashi *et al.*, 1997）．寄生者による宿主の行動の操作が示唆されるのである．

食う－食われるの関係の中で，捕食者に対するカニ類の被食回避行動を取り上げた研究としては，イソクズガニの体表擬装行動が，捕食者に対する捕食回避効果をもつことを検証した例がある（Thanh *et al.*, 2003）．それによると，イソクズガニは，捕食者がいると体表へ海藻類を付ける量が増えるとともに，海藻類を体表から取り除くと被食されやすくなるという．ワタクズガニ科のイソクズガニとヒラワタクズガニは，ともに海藻を擬装用と餌用に利用するが，その海藻種への好みが日本の沿岸内でも地域によって異なることが Hultgren *et al.* (2006) により明らかにされている．静岡県伊豆下田，和歌山県白浜，高知県宇佐の3地域間で，海藻種への好みを調べたところ，最も南の高知の個体は，他の2地域の個体に比べて，特定の海藻種への選好性と忌避性が強いことが示されている．

潮下帯のカニ類になるが，イシサンゴ類に共生するサンゴガニ類・オウギガニ類の種数個体数が宿主のサイズと関連付けて調べられている（Tsuchiya and Yonaha, 1992；Tsuchiya and Taira, 1999）．これらのカニ類の共生数は，宿主のサイズ特にサンゴ塊の間隙サイズとよく相関するが，共生者同士には，種内，種間にかかわらず排撃性と協調性の両面が個体間関係から見出されている．サンゴガニ類は単にすみかと餌場にイシサンゴ類を利用するだけでなく，イシサンゴ類の捕食者であるオニヒトデ *Acanthaster planci* の捕食活動を抑えていることがわかっている（土屋，2003）．

カニ類による造穴活動が基質に与える影響をみた研究は，日本でもいくつか行われてきた．Takeda and Kurihara (1987) は，アシハラガニの造穴活動がヨシ原内の土壌特性を変えることを明らかにした．アシハラガニの巣穴の多いところでは，ヨシの枯死体が土壌内に取り込まれる結果，これらの植物遺骸の量が高く，かつ土壌中のアンモニウム態窒素の含量も高くなっていた．アシハラガニに近縁のタイワンアシハラガニ *Helice formosensis* の造穴行動によるマングローブ土壌への影響についても，バクテリア，維管束植物体，脂肪酸の増大や酸化還元電位の上昇などが明らかにされている（Islam *et al.*, 2007）．スナガニ類では，ヤマトオサガニの造穴活動が，干潟底質の攪乱により共存するヤマトシジミ *Corbicula japonica* やヤマトカワゴカイ *Hediste diadroma* の生息に負の効果を与えるという報告もある（Tanaka *et al.*, 2013）．

第2章

淡水のカニ：サワガニ

2-1　多様なすみ場所

生涯を淡水または陸上で過ごすカニは，日本本土にはサワガニ *Geothelphusa dehaani*（口絵８）１種だけが長い間知られていた．川でよく採集されるモクズガニは，幼生期を海で過ごすため純淡水産とは言えない．しかし1994年に，鹿児島県の大隅半島だけに分布する新たな種ミカゲサワガニ *Geothelphusa exigua* が報告され（Suzuki and Tsuda, 1994），本土のサワガニ科は２種となった．琉球列島に入ると，淡水または陸上性のサワガニ科の種数は，一挙に十数種に増える．

サワガニの生態学的研究は，1995年頃までは，主に成長を中心とした生活史に関するもの（Yamaguchi and Takamatsu, 1980；荒木・松浦，1995）に限られていた．それによるとサワガニの雌が幼ガニを抱くのは８月から９月までで，繁殖開始年齢は２歳，寿命は最低３年とされる．またサワガニには地域個体群によって体色に変異がみられ，その体色型が遺伝的な変異と結びついていることを示した研究も多い（菅原・蒲生，1984；Nakajima and the late Masuda, 1985；Aotsuka *et al.*, 1995；西村・鈴木，1997）．しかし，雌雄関係や親子関係といった個体間の社会的関係についての研究はなかった．

サワガニは水域と陸域の両方からみつかるとされていたが，河川などの流水域とその周辺域，さらに陸部域をどのように生活場所として使い分けているかも詳しくわかっていなかった．奈良市内の周囲に森林が残った小河川の流域で，サワガニの分布を流水内石下，流水内石下の砂底，水際部の石下，水際のデブリ（堆積落葉落枝），陸上の林床部に区分して（図2.1）調べた（下司・和田，1995）．１年を通した調査から，サワガニが河川の流水域や水際域に出現するのは，春から秋までで，冬季には全くみられなくなることがわかった．陸上の

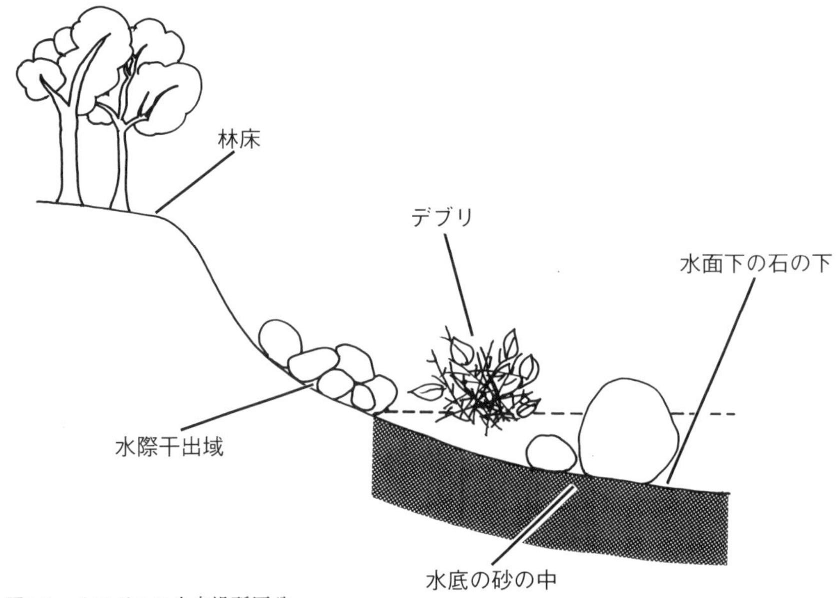

図2.1　サワガニの生息場所区分

林床部の調査は，林床部に落とし穴のトラップを埋めてそこに入ってくる個体を得ることで行われたが，トラップにサワガニが入るのも春から秋までであった．冬季に探索したところ，みつかったのは水際の土手に掘られた穴からであり，おそらくこのような場所で越冬するものと思われる．

一方春から秋までの期間は，サワガニの体サイズによる生息場所利用の違いが見出された．興味深いのは，小型の幼ガニと成ガニが流水域内でうまくすみわけているという点である．すなわち，成ガニが流水域内の石の直下からみつかるのに対し，小型の幼ガニは流水域内の石下の砂中からみつかるのだ．このすみわけは，幼ガニが大型個体に捕食される（共食い）ことを避けるのに有効であろうと考えている．幼ガニが大型個体に捕食されるのは，室内で観察されている（大島ほか，1994）からである．なお陸上部のトラップからは，甲幅10 mm 以上の成体・亜成体が採集されており，小型の幼ガニは陸上部には侵出していないことがうかがえる．また水際部の石下と水際部のデブリ内からは，幼ガニから成ガニまで幅広くみられ，流水脇の水際環境も彼らの重要な生息場所になっていると言える．

さらにサワガニの雌は８月から９月にかけて腹部に稚ガニを抱く（口絵９）が，このような稚ガニを抱いた雌は，水際の石下と流水域内の石下からみつかった．ところが，卵を抱いた雌，あるいは雄とペアーを成す雌は，どの調査域からも見出せなかった．つまり雄と雌がつがうところ，そして雌が卵を抱くところは，今回の調査対象域から捉えることはできなかった．しかし，なんと20年後に私は，奈良県東吉野村のスギ・ヒノキ林内土壌中から抱卵雌を2個体採集した．そこは渓流域からおよそ300 m 近くも離れた森林地であり，サワガニの雌は水域からわざわざ遠く離れて卵を抱くということが明らかとなった．

サワガニは河川の水の指標生物にされているが，決して流水域だけに限定された分布をしているわけではなく，むしろ流水域から水際環境，さらにその脇にある土手から森林林床部までを幅広く生活圏に利用している動物なのだ．言い換えれば，サワガニの保全には，流水域だけでなく，その周囲の環境も含めた配慮が必要であると言える．

Okano *et al.* (2000) も，サワガニは，流水域と陸域の両方に生息場所をもつことを報告しているが，近縁のミカゲサワガニは，ほとんど流水域に限られた分布をしているという．

2-2　母と仔

陸生のカニ類は，卵から孵化した幼体が母親と同じ環境で過ごす期間があるため，そこに母による仔の世話が生じやすい．ジャマイカの森林に生息するベンケイガニ科の *Metopaulias depressus* の雌は，パイナップル科植物の葉腋に溜まった水の中で幼ガニの世話，すなわち外敵から守ったり，水溜まりの清掃をしたり，さらには給餌といった活動を示すことが知られている（Diesel, 1989, 1992a, 1992b；Diesel and Schuh, 1993）．サワガニの場合は，孵化した幼体がしばらく雌の腹部に抱かれる（口絵9）ため，雌親と幼ガニとの間に親子関係ができあがっているとみられる．しかし実際にどのような関係が存在しているのだろう．母親の腹部に仔が抱かれている以上は，それは仔にとっては外敵から身を隠す効果はあるだろう．ほかに何か親子間の関係を示す現象があるだろうか．そこで腹部に幼ガニを抱いた雌とその幼ガニとの関係をみてみた（大島ほか，1994）．

まず幼ガニが親ガニに抱かれている期間は，孵化後1週間から10日で，これを過ぎると幼ガニは独り立ちする．抱かれている期間はずっと母親の腹部内にいるのかというとそうとは限らず，時折腹部外に出ることが必ずみられた．そして外に出た後また母親の腹部に戻るのも確認できた．その戻り方は，必ずしも自分の母親とは限らない．つまり自分の親かどうかにかかわらず，腹部に幼ガニを抱いている雌に戻るのである．そして腹部に幼ガニを抱かなくなった，つまり腹部を閉じた雌には幼ガニは決して戻ることはない．それは腹部を閉じた雌は，幼ガニを食べることがあるからである．逆に，雌は幼ガニを抱いている期間は，決して幼ガニを食すことはないのだ．なお幼ガニを雌親から取り除き，雌親への回帰率を，雌腹部内にいた幼ガニと雌腹部外にいた幼ガニに区別して調べたところ，その率は，前者つまり雌腹部内にいた幼ガニのほうが際立って高かった．雌腹部外に出ている幼ガニは既に母親から独立している傾向にあると言える．母親による幼ガニへの給餌はあるのだろうか．母親から幼ガニに餌を分け与えるような行動はみられなかったが，母親が摂餌している最中に幼ガニが，母親の口部にはさみを入れて，母親の餌の一部を取るのが観察されている．母親が餌を取るときに，幼ガニが一部横取りしているものと思われる．

2-3　雄のはさみの左右性

サワガニの雄のはさみ脚は，概して右側のほうが左側よりも大きいという左右不相称性を示すが，雌のはさみ脚は左右ほぼ同大である．さらに雄のはさみの不相称性は雄の体サイズが大きくなるほど顕著となる．このような体の形状の雌雄間の違いを性的２型と呼ぶが，これには雄雌間での生活様式や配偶行動に関わる特性の違いが関わっているとみられている．雄のはさみ脚の左右不相称性の極端な例がシオマネキ類にみられ，彼らのはさみは片方が巨大化し，もはや餌を摂るのには使えず，もっぱら雄同士の戦いと求愛のダンスに使われ，餌摂りにはもう片方の小さいはさみが使われている．サワガニの雄の場合は，シオマネキほど左右のはさみの使い分けはなく，餌摂りには大きいほうも小さいほうも使われる．シオマネキ類ほどでなくとも，はさみ脚の左右不相称性がサワガニの雄でみられる理由は何であろう．乾井貴美子さんの修士論文（乾井，2002）は，これを探ろうとしたものである．

甲のサイズがほぼ同じで，左右のはさみサイズの合計値がほぼ同じ雄を２個体選んで，左右のはさみのサイズ差の大きいほうと小さいほうのどちらが闘争に強いか，どちらが雌に好まれやすいか，そして餌を摂る効率はどちらが高いかを室内観察により調べた．結論から言えば，闘争においてのみ両者間で違い

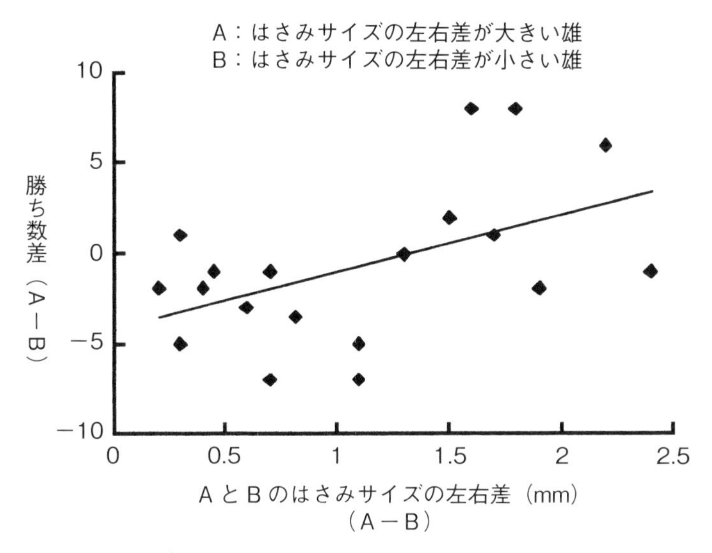

図2.2 サワガニの闘争における勝数と，はさみサイズの左右差との関係．闘争2個体間で，はさみサイズの左右差が大きくなるほど，左右差の大きいほうの個体が勝つ頻度が高くなっている

がみられ，左右のはさみのサイズ差が大きいほう，つまり不相称性が強いほうが，勝率が高いという結果が得られた．具体的には，闘争させた雄2個体の間で，はさみサイズの不相称性の度合い（右はさみサイズ－左はさみサイズ）が大きくなるほど，不相称性の大きいほうの雄が勝つ傾向が認められた（図2.2）．なお，闘争におけるはさみの使われ方は，はさみの大きいほうが，小さいほうよりも明らかに頻度が高いことも明らかとなった．それでは摂餌行動でのはさみの使われ方に左右差がみられるのだろうか．興味深いことに，雄では大きい個体ほど小さい左のはさみのほうを右のはさみよりもよく使うことがわかった．ただし摂餌効率（単位時間当たりの餌摂取量）は，左右のはさみの不相称性が大きいほど高くなることはなかった．これに対して雌では，体サイズにかかわらず，左右のはさみの使われ方には偏りはなかった．つまりはさみの左右差がみられる雄では，闘争では大きいほうのはさみがよく使われ，摂餌では小さいほうのはさみがよく使われるというように，シオマネキ類の雄にみられる左右のはさみの使い分けへの移行が認められる．

雌の雄に対する好みについての観察は，繁殖期間中の夜間に室内で行った．水槽の左右の縁に，体サイズも左右のはさみサイズの合計値もほぼ同じで，左右のはさみサイズの違いに差がある２個体の雄をそれぞれ糸でつなぎ，中央に雌を放して雌のそれぞれの雄に対する行動を２時間記録してみた．全部で25例を観察し，雌が最初に近づいた雄はどちらか，また雄の近くに滞在していた時間はどちらの雄のほうが長いかを検討してみたところ，いずれにおいても，左右のはさみサイズ差が大きい雄と小さい雄の間で，雌の反応に明瞭な違いは認められなかった．つまり雄のはさみの不相称性の度合いは，雌の選り好みには影響しないと言える．

第3章

汽水域のカニ

3-1　汽水域転石地にすむカニ類の生活史と環境特性

海水と淡水が混じる汽水域は，主に河川の河口域に形成され，独自の生物相を具えるところである．しかしそのような汽水域は，堰の建設や護岸整備など人為的な破壊が進みやすいところでもある．河川河口域の基底底質は，砂または泥が主の場合がほとんどであるが，中には河川中流域と同じように転石が主体となるところもある．和歌山県白浜町にある富田川の河口域（図3.1）は，そんな転石を主体としており，汽水域の転石地に特徴的なカニ類が豊富だ．この場所で，複数のカニ類についてその分布と生活史を比較する研究を行った（Fukui and Wada, 1986）．

対象としたのは，スナガニ上科のカワスナガニ（口絵10）と，イワガニ上科のケフサイソガニ，タイワンヒライソモドキ（口絵11），ヒメヒライソモドキの4種である．このうちヒメヒライソモドキは，この調査で初めてみつかった種であり，この標本が基になって新種報告された（Takeda, 1984）．またタイワンヒライソモドキも，当時日本では琉球列島からしか知られておらず，富田川での記録は日本本土からの初めての記録となるものであった．現在は，タイワンヒライソモドキは神奈川県以南，ヒメヒライソモドキは静岡県以南に広く分布しているものであるが，当時は極めて稀有な分布記録であった．また富田川のカワスナガニは，当時トンダカワスナガニ *Deiratonotus tondensis* という別の種とされていたが，後年 Kawane *et al.* (2005) により，トンダカワスナガニは従来のカワスナガニの同種異名とされ，無効名となった．

4種の河口域における流程沿いの分布には違いがみられ，最も上流域に限定的に分布するのがカワスナガニで，これよりも下流側に分布の中心をもつのがタイワンヒライソモドキとヒメヒライソモドキであった．なおケフサイソガニ

図3.1 和歌山県富田川汽水域の転石地

は河口付近から上流域まで幅広く分布していた．繁殖期はいずれも春から秋までの期間であるが，カワスナガニが最もその期間が長く，結果として年間の繁殖回数も最も多いという特徴があった．その結果，雌の年間の繁殖努力は，カワスナガニが最大と推定された．ここでいう繁殖努力は，1匹の雌が抱いている卵の重量を体重で割ったものに，年間の繁殖回数を掛けたものである．不安定な環境にすむ種は，安定的なところにすむ種に比べて繁殖努力を高くする特徴をもちやすいと考えられる．なぜなら不安定な環境下では，個体群が絶滅しやすく，そのため次世代生産への努力投資がより重要になるからである．はたしてカワスナガニは，他の3種に比べてより不安定な環境下に生息していて，個体群の減少率も高いものなのであろうか．毎月の個体群組成の変動状況から，各年齢群の生存率を推定したところ，やはりカワスナガニが最も生存率が低いという結果が得られた．では環境の変動はどうなのだろう．彼らのすみ場となる転石の動き方が，生息場所の安定度の指標となるとみられ，実際の個々の石の動き方を年間を通して追跡したところ，やはりカワスナガニの主な生息地である汽水域上流部は，下流部に比べて流速が速く，石の動く割合が高い（特に3～4月と6～7月）ことが明らかとなった．以上より，予測通り，生息環境が不安定なところにすむ種は，個体群の減少が激しく，それに対応すべく繁殖努力を高くしていることが示されたのである．

3-2　遺伝的集団構造の特徴

汽水域は，沿岸に配置される河川の河口域に個別的に存在するため，そこを生息場所としている生物も，地域集団間の交流が希薄になる傾向があるとみられる．遺伝的な集団構造を地域集団間で比較することで集団間の独立性を評価することが可能であり，汽水域の特に上流部に生息するムツハアリアケガニ科のカニ類についてこれを行った．

アリアケモドキ（口絵12）は，日本では北海道から沖縄島までの広い範囲の河川汽水域に分布し，生息場所は泥または砂泥の干潟が中心だが，干潟上の転石下や潮下帯の泥底からもみつかり，生息する環境条件は他のスナガニ類に比べて幅広い特徴をもっている（和田・土屋，1975）．そのため潮の干満がほとんどない日本海側の沿岸域でも河川河口域の水底から本種が得られるところがある．北海道，本州，四国，九州そして奄美大島から13地域のアリアケモドキ生息地を選び，集団間の遺伝的変異と形態的変異を調べた（Kawamoto *et al.*, 2012）．ミトコンドリアDNAのCOI領域を集団間で比較したところ，極めて興味深い結果が得られた．すなわちアリアケモドキは，遺伝的に大きく異なる３つのグループに分かれ，それが，本州・四国太平洋岸，北海道・瀬戸内海・九州北西部，奄美大島と，地域ときれいに対応していた（図3.2）．しかも３つのグループ間の遺伝的な違いは，別種にされてもいいほどに大きいのである．形態的には３つのグループ間で不連続的に分かれるような特徴はみられなかったものの，体サイズは，平均，最大ともに，Bグループが最も大きく，Cグループが最も小さいという違いがあった．さらに興味深いのは，生態的特性の相違である．３つのグループの中から，和歌山県，徳島県，奄美大島の３集団について雌の抱卵期を追跡したところ，和歌山県の集団は春から夏になるのに対して，徳島県の集団は冬から春，そして奄美大島の集団は晩秋から冬となって互いに繁殖期にずれがみられた．和歌山県と徳島県の集団は，地理的にわずか100 km程度しか離れていないにもかかわらず，遺伝的にも生態的にも大きく異なっていることが明らかとなった．３つのグループが分岐した年代を推定したところ，それは新生代第三紀の後期（900万年から1000万年前）とみられ，その頃の日本を囲む海域は，海水面の低下によって太平洋，日本海，東シナ海

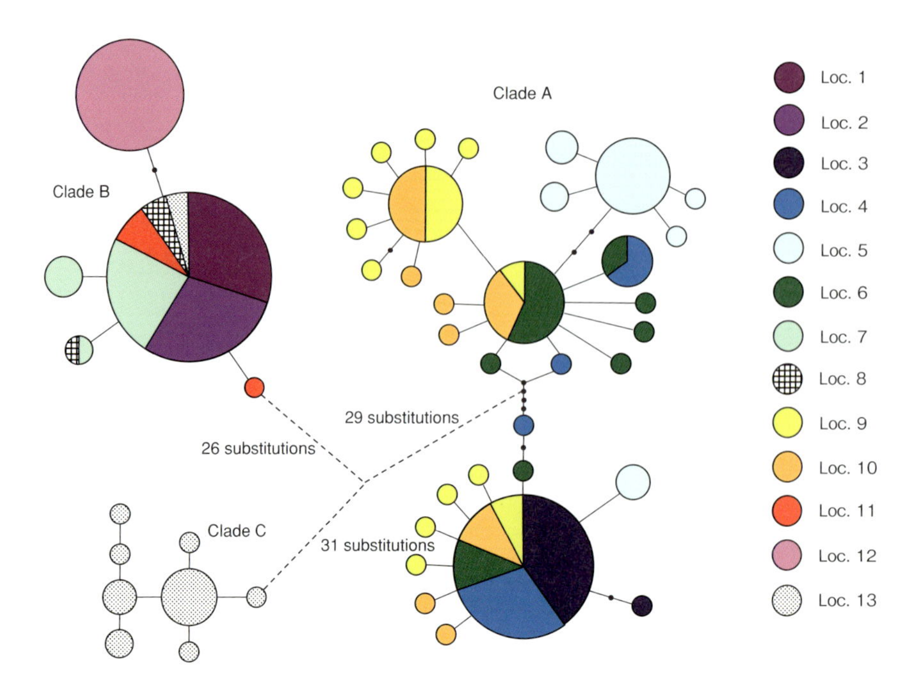

図3.2 アリアケモドキのミトコンドリアDNA COIハプロタイプネットワーク図．各丸の大きさは，そのハプロタイプをもつ個体の数に比例する．各色は各地域集団を示す．クレードAは本州・四国太平洋岸の地域（Loc. 3, 4, 5, 6, 9, 10），クレードBは北海道（Loc. 1, 2）・瀬戸内海（Loc. 6, 8）・九州北西岸（Loc. 11, 12），クレードCは奄美大島（Loc. 13）の地域集団から成っている

と大きく3つに分かれていたとされる．このような海域の分断がアリアケモドキの集団の3つのグループ形成に寄与してきたものと思われる．

2002年から2004年にかけて環境省により実施された全国干潟調査の中で，宮崎県の熊野江川河口でみつかったというアリアケモドキに似た奇妙なカニの標本が，私のところに送られてきた．甲面が平坦で中央に横断する脈があるところなどアリアケモドキの特徴を示していたが，アリアケモドキに比べ，甲がより縦に長い傾向があり（口絵13），雄の生殖突起もその先端部に突起物が何もないなど，明瞭な違いが認められた．そして遺伝的にもアリアケモドキとは識別できるものであることもわかり，新種クマノエミオスジガニ *Deiratonotus kaoriae* として報告された（Miura *et al.*, 2007）．当時本種は，宮崎県の熊野江川河口の干潟のみからしか知られない極めて特異な種として注目されたが，その後伊勢湾にも分布していることが報告され（野元ほか，2008），さらに最近

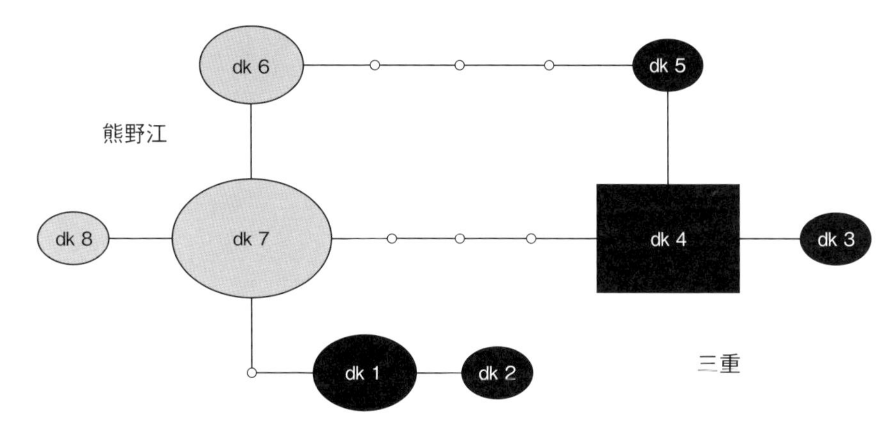

図3.3 クマノエミオスジガニのミトコンドリアDNA COIのハプロタイプネットワーク図．黒色のハプロタイプは三重県宮川集団のもの，灰色のハプロタイプは宮崎県熊野江川集団のもの．各ハプロタイプの図形の大きさは，そのハプロタイプをもつ個体の数に比例する

では長崎県五島列島にも分布していることがわかっている．しかしそれでも本種の分布は，かけ離れたところに分散しており，当然地域集団ごとの固有性は極めて高いものと推察される．そこで宮崎県の集団と三重県の集団との間で遺伝的特徴の比較とともに，生活史の特徴の比較も行った（Kawane *et al.*, 2012）．遺伝的特徴においては，予想通り，両地域集団間では，同じ遺伝子型をもたないという顕著な遺伝的分化が認められた（図3.3）．しかも遺伝子型のネットワーク図からは，三重県の集団は，宮崎県の集団から2回分化したこともうかがえた．生活史に関しては，繁殖期，寿命ともに両地域間で大きな違いはなく，抱卵期間は，冬から春，寿命は1年半ということが推察された．伊勢湾にはアリアケモドキも分布しており，近縁種間でのすみわけはみられるのであろうか．太平洋岸のアリアケモドキの繁殖期は，春から秋までの暖かい時期であるのに対し，クマノエミオスジガニは寒い時期に抱卵する．つまり繁殖上のすみわけは成立しているとみられる．実際のすみ場所については，岸野ほか（2010）が，伊勢湾内の櫛田川河口域で干潟周辺域を広範囲にわたって調査したところ，アリアケモドキは上流側，クマノエミオスジガニは下流側ときれいにすみわけされており，混生する場所はないことが明らかとなった．

同じムツハアリアケガニ科の種で，汽水域の転石地をすみ場所としているカワスナガニについてもその遺伝的集団構造が日本各地の集団を対象として調べられた（Kawane *et al.*, 2008）．本種は日本固有種で，房総半島以南から沖縄島までの河川河口域で記録されるが，みられる河川は限られている．伊豆半島，紀伊半島，四国南岸，九州南西岸，沖縄島からの10地域集団を遺伝子解析したところ，ほとんどの集団間で遺伝的分化が認められた．とりわけ，紀伊半島沿岸では，わずか100 km 程度しか離れていない地域間でも遺伝的分化が認められ，他のカニ類ではみられないほどの顕著な地域固有性が確認されたのである．本種は，汽水性のカニ類の中でも，より上流側に生息する特徴をもっており（既述），そのことに加え，稀少種であることから，生息する河川も限られ，かつ生息個体数も少ないということが，集団の孤立性に寄与してきたものと考えられる．

実際，カワスナガニよりも下流域に分布の中心をもつ（既述）イワガニ上科のタイワンヒライソモドキの遺伝的集団構造は，日本本土内ではカワスナガニほどの顕著な地域間の遺伝的分化は認められず，せいぜい四国南岸と和歌山県の間のおよそ250 km 程度離れた地域間で遺伝的分化が認められている程度である（川根・和田，2015）．ただタイワンヒライソモドキの遺伝的集団構造には島嶼集団に顕著な遺伝的分化がみられるという興味深い結果が得られている．具体的には，沖縄島，加計呂麻島，対馬の３地域とも本土集団とは際立った遺伝的相違をもっており，かつ３地域間でも遺伝的分化が成立しているのである．とりわけ対馬の集団が，地理的距離が近い熊本の集団よりも南西諸島の集団に遺伝的に近いという点が注目される．ちなみに干潟に生息するスナガニ上科のチゴガニ（口絵14）では，対馬の集団は，南西諸島の集団よりも本土の集団に近い遺伝的特徴をもっていることがわかっている（青木ほか，未発表）．

第4章

干潟のカニ

4-1　コメツキガニとチゴガニの分布特性

干潟に生息するスナガニ類が，干潟の底質によってすみわけしていることは，スナガニ類研究の先達小野勇一博士による研究（Ono, 1965）により明らかにされていたが，種間での分布の重なり具合や，季節的な変動など，分布の詳しい動態は明らかにはされておらず，その点を突っ込んだ研究を私は自身の最初の研究テーマとして行った．特に注目したのは，同じコメツキガニ科に属し，体サイズも比較的似ているコメツキガニ（口絵15）とチゴガニ（口絵14）である．両種は，潮位レベルでは中潮帯から高潮帯にかけての広い範囲に分布するものの，底質でみると，表層部の微細粒子（径0.063 mm 以下）の含量によって明瞭に分布域を違えていた（和田，1976）．底土表層部の径0.063 mm 以下の粒子というのは，両種の消化管内を占める粒子であり（和田，1982a），餌として有用な成分の存在様式が，それぞれの生息場所を特徴づけていると言える．言い換えると，両種の分布の相違は，摂餌活動と結びついてできていると言ってよい．干潟表面の砂泥から餌になる微細粒子を取り込む能力の違いが両種の分布の違いをつくっているわけで，その能力の違いというのは，口器内の構造（具体的には顎脚上の毛の形状）（Ono, 1965）や，底土より餌を取るはさみの形状（和田，1982a）が関わっているとみられる．

しかし，コメツキガニとチゴガニが互いに境を接して分布している干潟の一画で，その分布の仕方を4年にわたって追跡したところ（Wada, 1983a），コメツキガニの生息密度が減少し，チゴガニの生息密度が増大するにつれて，コメツキガニの好む粗い底質のところにもチゴガニの分布が拡がることが明らかとなった．当然のことながら，両種間でのすみわけは，互いの生息密度の多寡によって変化するものなのだ．ただし興味深いのは，両種間のすみわけの度合いは，コメツキガニの密度が増加するとより大きくなるのに対して，チゴガニの密度とは無関係であるという結果が得られた点である．これは生息密度が上がると，コメツキガニでは，同種個体が固まりやすくなるのに対し，チゴガニではそのような傾向がないためではないかと私は考えている．

コメツキガニもチゴガニも，繁殖期は大体5月から8月までで，8月には新規加入個体が生息地に数多くみられるようになる．このような生活期の変化により，それぞれの生息地での分布様式にも季節変化がみられるものと考えられるが，そもそも干潟のベントスで，このような生活期に伴った分布の変化をみようとした研究はなかった．

干潟の一画で，分布域の上部から下部にかけての分布様式を季節的に追跡したところ，個体のサイズや性によってその分布様式は微妙に異なっていることが明らかとなった．集団全体としては，両種とも，上方への分布の偏りが，10～11月に顕著になり，5月にはその傾向が弱まった（Wada, 1983a）．この季節変化は，ひとつには，彼らが活動する昼間の干出時の干潟面積が，5月頃最大で，逆に10～11月には最小となるため，秋には彼らの活動可能空間が上方に限られることが関わっているとみられる．さらに個体の巣穴位置を追跡したところ，両種とも5月頃は，巣穴位置を頻繁に変えて，その移動距離も大きいのに対し，秋には定住性が強くなることがわかっており（Wada, 1983c），このような個体レベルでの移動定住特性の季節性も関わっているのだろう．

性と体サイズから垂直分布をみたところ（図4.1），コメツキガニもチゴガニもともに，大型個体が上部に偏って分布する傾向が季節を問わず認められた（Wada, 1983b）．大型個体が上部を好んで生息するという傾向はヤマトオサガニでも確認されている（Henmi, 1992a）．一方雌の場合は，雄ほど顕著な上方への偏りはないものの，卵抱雌は上部域に限られる傾向があった．巣穴確保を巡っての個体間の闘争においては，大型個体ほど勝率が高い（Wada, 1986, 1993）（図4.2）ので，大型雄個体が上方を占めるのは，そこが彼らにとって好適な場所であることを示している．ではなぜ大型雄は上方が好きなのだろう．上方の場所は，活動可能な干上がる時間が長い．干上がる時間が長いと，当然地上活動時間も長くできる．地上活動の内容は，摂餌と求愛である．摂餌も求愛も，より長い時間が得られる上方の場所を占めることが有利なのだ．では地上活動をほとんど行わない抱卵雌が上方の場所を好む理由は何であろう．同じように巣穴内で抱卵するシオマネキ類においても，抱卵雌はすみ場所の上方に限られ

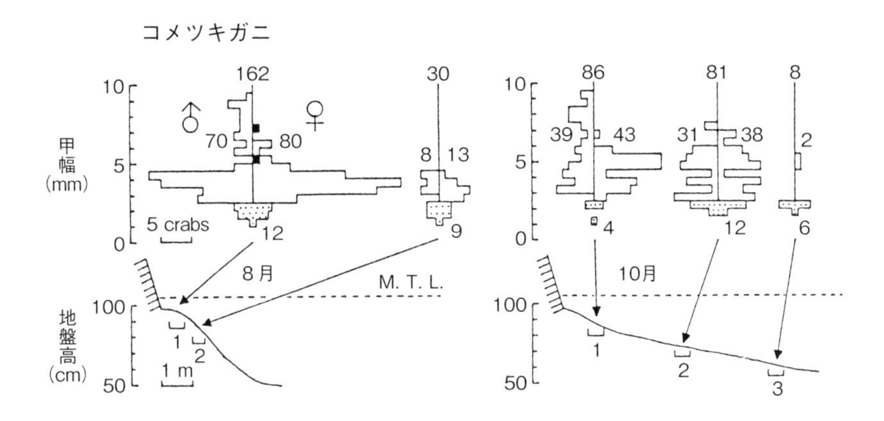

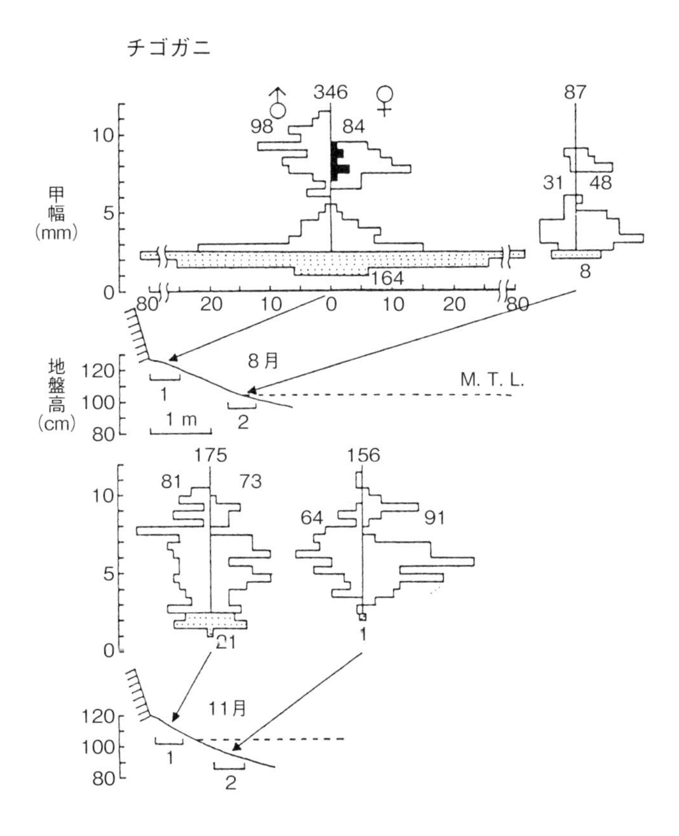

図4.1　コメツキガニとチゴガニそれぞれの分布域内上方と下方における体サイズ組成

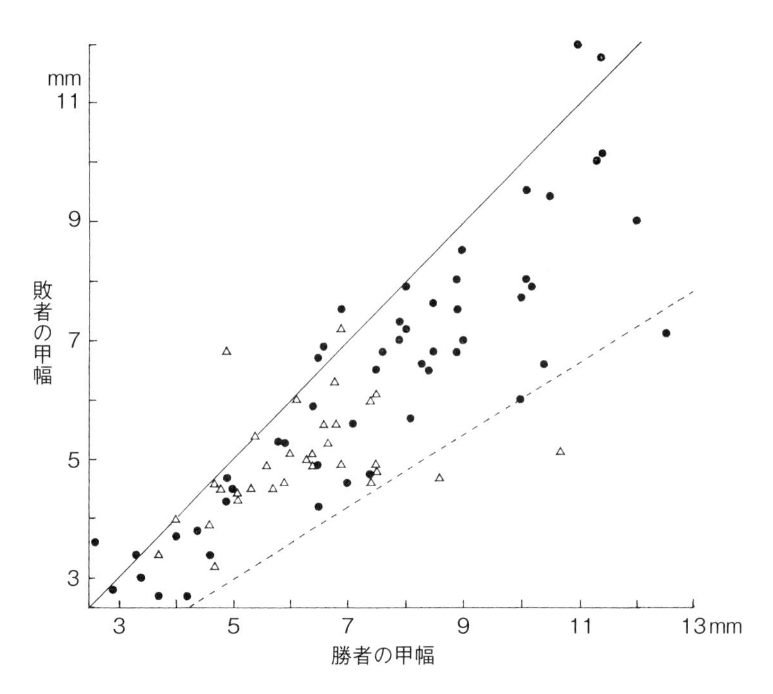

図4.2 コメツキガニの巣穴を巡る闘争での勝者と敗者の体サイズ（甲幅）の関係．●は雄同士の闘争，△は雌同士の闘争を示す．実線は闘争個体が同じ甲幅の場合を示し，破線は敗者の甲幅が勝者の3/5の場合を示す

た分布をするが，その理由は，地下水による巣穴の崩壊を避けるためだとされている（Christy, 1983）．コメツキガニやチゴガニの生息地でも，上方ほど干出時の地下水位は深くなる（Wada, 1983b）ため，抱卵する上では上方ほど有利だろうと考えられる．

さらに同じ成雄であっても，頻繁に巣穴を変える個体と逆にほとんど変えない個体が存在し，前者はすみ場所の上方から下方まで幅広く利用しているのに対し，後者つまり定住性の強い個体は，上方域のみを利用するという違いも見出されている（Wada, 1983c）．ちなみに1個体がひとつの巣穴をどれくらいの期間維持するものかは，研究された例が意外と少ない（Wada, 1983c；大野ほか, 2006a）．私が，両種の雄を個体識別して，春，夏，秋の3季に2週間毎日，各個体の巣穴位置を追跡したところ，巣穴維持日数の最大値は，コメツキガニで10日（夏と秋），チゴガニで15日（秋）であった．この研究は，私の長い研究生活の中でも最も長時間野外観察を行ったもので，その成果もさることながら，

図4.3　個体識別用のカニを採集中の著者（1974年当時）

付随して多くの体験をさせてもらった．一生懸命マーク個体の位置を記録するため干潟に目を注いでいたときに，頭上にゴルフボールを受けてしまったこともある．チゴガニを驚かすと，昆虫と同じような擬死行動を示すことも知った．さらに彼らが巣穴から離れたときに巣穴をふさいで採集する（図4.3）過程で，カニと“目線が合う”ということも知った．

晩夏になって干潟に大量に出現する小型の稚ガニは，成ガニと比べてどのような分布の仕方をしているのだろうか．両種とも稚ガニは，成ガニの分布するところに出現するが，コメツキガニでは，河口域上流部の泥質分が増えるところでは，成ガニに比べて少ないという違いがみられた（Wada, 1981a）．また多くの生息地での生息密度を稚ガニと成ガニに分けて調べ，両者の密度を比較したところ，コメツキガニでは両者間で負の相関が，逆にチゴガニでは正の相関がみられたのである（Wada, 1981a）．成ガニと稚ガニの分布を，干潟の一画で上部と下部に分けてみてみても，コメツキガニの稚ガニは，成ガニの多い上部から，成ガニの少ない下部まで，ほぼ同じような密度で分布するのに対し，チゴガニの稚ガニは，成ガニの多い上部に，成ガニと同じように数多く分布する（Wada, 1983b）（図4.1）．この違いは，稚ガニの分布特性に両種の間で違いがあることによるものとみられる．コメツキガニの稚ガニは，成ガニと同じように自分の巣穴をどの個体ももつのに対し，チゴガニの稚ガニは，成ガニの巣穴を利用する特性がある（Wada, 1993）．稚ガニの寄居がみられる巣穴の所有者の体サイズは，甲幅3.3 mm 以上であり，一方寄居している稚ガニの体サイズは，甲幅3.5 mm 以下であった．また成ガニ1個体が寄居させる稚ガニの数は，平均1.4個体となっていた．コメツキガニの稚ガニがどうして成ガニの巣穴を利用することがないのか，またチゴガニではその利用が可能になるのはどうしてか，全く理由が思いつかないのである．ちなみに，コメツキガニやチゴガニとほぼ同じ環境条件のところに分布するハクセンシオマネキも稚ガニが成ガニの巣穴に寄居することはなく，稚ガニは成ガニに比べて潮位の低いほうに数多く分布するという特徴を示す（佐々木・和田，1997）．

4-2　ハクセンシオマネキの分布特性

コメツキガニとチゴガニが底質の微細粒子含量によってきれいにすみわけする特徴があるのに対し，ハクセンシオマネキの分布する底質は，コメツキガニとチゴガニの分布する条件と大きく重なり，かつ礫が混じるところまでも含むという幅広い特徴をみせる．ただし潮位レベルでは，コメツキガニやチゴガニよりも高いところを占める傾向はある（Ono, 1965）．ハクセンシオマネキが単独で分布している河口域において，ハクセンシオマネキが生息できるレベルと底質を具えた場所にハクセンシオマネキがどのように加入してくるかが調べられた（佐々木・和田，1997）．そこでは特に礫の影響を考慮して，礫の混じる砂泥質と礫の混じらない砂泥質をセットにしてハクセンシオマネキの加入量を比較した．興味深いことに，稚ガニの加入，すなわち幼生定着による加入は，礫のあるほうが明らかに多かったが，成ガニの加入量は，礫のあるほうが多い場合と少ない場合があった．礫の存在が，幼生の定着になんらかの誘引効果をもっているのかもしれない．一方成ガニの場合は，周囲の底質に礫がある場合は，礫のないほうに多く加入があり，逆に周囲の底質に礫がない場合は，礫のあるほうに多く加入していた．すなわち，新たな生息地への侵入には，周囲の底質の特徴が影響することを示している．

ハクセンシオマネキの分布している河川河口域に，生息場所条件が似ているチゴガニが一緒に生息するところと，全くチゴガニの混生がないところがある．具体的には，大阪湾内の河川では，ハクセンシオマネキがいてもチゴガニがい

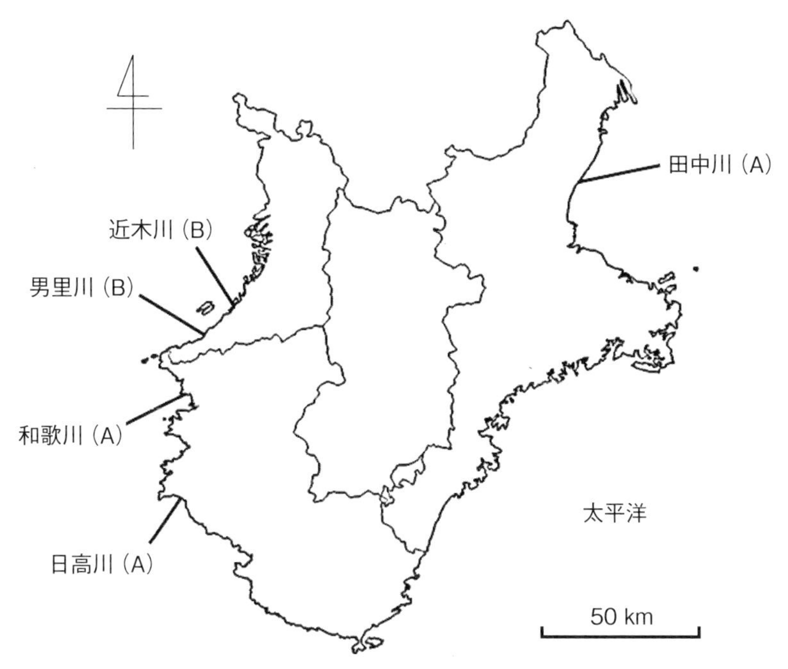

図4.4　ハクセンシオマネキが生息する紀伊半島の河川河口域で，チゴガニが混生するところ (A) とチゴガニが分布していないところ (B)

ないのに対して，大阪湾を越えて和歌山県沿岸に入ると，どの河川でもハクセンシオマネキとチゴガニが混生する．大阪湾内は，大阪府の河川でも淡路島沿岸でも，ハクセンシオマネキはみられてもチゴガニをみることはできない．大阪湾内の干潟は，チゴガニが分布できる条件を揃えていないのかというとそうではない．チゴガニの好む潮間帯中上部で砂泥質のところは十分揃っているのだ．すみ場所の条件が揃っているのにその種が分布しない場合，その理由を考えるのは容易ではない．大阪湾にチゴガニが分布しない理由は謎ではあるが，そのような場所が存在することは，ハクセンシオマネキの分布にチゴガニの存在が影響しているかを検証する機会を与えてくれる．似た資源を利用する種の間では，相手種の存在によって利用する資源の幅を変えて，互いの競争を緩和するようになっていることがよく知られる．果たしてハクセンシオマネキでは，チゴガニが混生する河口域では，チゴガニのいない河口域に比べて，生息場所条件が狭まるような特徴をもっているだろうか．そこでハクセンシオマネキが単独で分布する大阪湾内の２つの河口域とハクセンシオマネキとチゴガニが混生する和歌山県と三重県の3つの河口域を選び（図4.4），ハクセンシオマネキ生息地の潮位高と底質を比較した（山本・和田，in press）．潮位高では，ひとつの河口域で飛びぬけて高いレベルに分布している以外は，5地域間で比較的似た生息場所条件を示した．底質では，どの河口域でも砂泥，砂，礫混じりの砂泥と幅広い領域に分布しており，河口域間で大きな違いは見出せなかった．すなわち，チゴガニの混生する河口域とチゴガニのいない河口域の間では，ハクセンシオマネキが分布している潮位高・底質の条件に違いはみられなかったのである．

この研究では，ハクセンシオマネキの近隣他個体への攻撃性を，対同種と対チゴガニで比較しているが，それによると，対チゴガニの攻撃頻度は，対同種よりも低いという結果が得られている．個体間関係においてもハクセンシオマネキはチゴガニとは競争的関係をもたないようであり，このことが生息場所利用にも反映して，ハクセンシオマネキの分布の仕方がチゴガニの在不在に依存することはないようになっているのであろう．

4-3　放浪集団

干潟に生息するスナガニ類の多くは，各個体が巣穴を所有し，巣穴をかくれがとして，餌は巣穴外で摂るという生活様式をもっている．しかしミナミコメツキガニのように，潮が引くと，巣穴から出て水際を追うように放浪する（口絵16）ものもある．放浪するときは，集団になりやすく，外敵が近づくと即座に干潟基底中に身を隠す．即座に干潟の砂中に入れるのは，基質が十分に保水している条件にあるためである．ミナミコメツキガニと同じように，集団で放浪することは，コメツキガニ，チゴガニ，ヤマトオサガニにおいてみることがある．特にコメツキガニでは，巣穴をもたない個体が水際付近に集まって行動していることがよくあり，そのような放浪集団の成因について考究されてきた．私の恩師である川那部浩哉先生と原田英司先生が最初に手掛けられた研究は，コメツキガニの行動と個体間相互作用に関するもので（原田・川那部，1955），生息密度を増やすと巣穴を捨てて放浪する個体が出現することが示された．つまりコメツキガニの放浪個体は，個体間のあつれきの結果出現するとしたのである．同じころ，ヤセザルの仔殺しの研究で有名になった杉山幸丸先生が，これも先生が最初に手掛けられた研究として，コメツキガニの社会形態を個体の動き方から探索され，その中で放浪集団の観察例を挙げてその成因を論じている（杉山，1961）．続いて山口・田中（1974）も，コメツキガニの個体群を季節的に追跡し，その中で放浪集団の観察を取り上げて，その成因に言及している．放浪集団を野外で観察しているのは杉山（1961）と山口・田中（1974）であるが，どちらも，放浪集団は活動が活発な夏季にみられ，しかも放浪集団を構成する個体は大型個体が多いという共通した特徴を指摘している．活動が活発なときには個体間の反発が生じやすく，それは特に大型個体間で起きやすいので放浪個体ができやすくなって放浪集団が形成されると説明されていた．つまり原田・川那部（1955）が示したように，密度効果として移動分散個体が出現するという機構が働いているとしたのである．

私は，特定の場所で放浪集団が季節的にどのような出現傾向をもつのか，またその集団を構成する個体の体サイズはどうなっているのか，また生息密度はどうなのかを調べ，さらに他の地域でもコメツキガニの放浪集団がみられた状況を調べた（Wada, 1981b）．その結果，放浪集団は夏だけでなく秋にも出現すること，晴れたときだけでなく，くもりや小雨のあるときでもみられることがあること，付近の密度は高いところもあれば低いところもあって必ずしも高密度な場所で出現するわけでもないこと，そして放浪集団のメンバーも，必ずしも大型個体に限らず，ときには小型の稚ガニが集まって放浪するようなときもあることなどが明らかとなった．また放浪集団中の個体の行動に注目すると，大半が摂餌を行っていた．このような観察結果は，それまで説明されていた密度効果による放浪集団の出現という説明にはそぐわないものである．考えられたのは，放浪個体が主に摂餌行動をしていたことから，餌の摂りやすさに対応して放浪するようになったとするものである．巣穴を所有している潮位の高いところは，潮が引くにつれて乾燥すると餌が摂りにくくなるため，湿り気が残っている低いところで移動しながら摂餌するのが放浪集団となっているという説明だ．水分が残っている水際では，外敵が近づいた場合容易に砂中に潜れるので巣穴は必ずしも必要ではないため放浪できるのである．後年，Koga (1995) は，私の説明を補強してくれるデータ，すなわち，干潟表面の栄養分は巣穴をもっている高潮位のほうが放浪集団のいる低潮位のところよりも少ないこと，また高潮位にいる個体よりも，低潮位にいて放浪している個体のほうが，摂餌活動がより活発であることなどを示し，摂餌効率のために水際付近に放浪するということが明確になった．

コメツキガニ以外の種についても，放浪集団についての研究が日本の研究者によりなされている．ヒメシオマネキについては，放浪集団は大型個体に偏っており，それは大型個体の摂餌効率の悪さから，水分が干潟に残っている水際で摂餌するためだとしている（Murai *et al.*, 1983）．一方で放浪中に雌雄が地上交尾することも頻繁に観察されていることから，本種の放浪は繁殖活動とも結びついている点が指摘されている（Nakasone, 1982）．ヤマトオサガニ（Henmi, 1989）とハラグクレチゴガニ *Ilyoplax deschampsi*（Kosuge, 1999）では，ともに放浪集団は大型個体が中心になっていることと，これらの放浪は繁殖活動とは関係なくむしろ夏場の乾燥により干潟表面の摂餌条件が悪くなるために干潟下方の水分の残ったところに放浪するという解釈がされている．奇妙なのは，オキナワハクセンシオマネキの放浪集団である（Takeda, 2003）．本種の放浪は，繁殖初期に主として大型の雄が巣穴域よりも上方に放浪するというもので，多くの種が水際のほうに放浪するのとは反対に，陸域方向への放浪となっている．しかも放浪中の雄個体はなんら繁殖行動も摂餌行動もしないという．つまり放浪の理由が考えにくいのである．

4-4　Waving―その様式

主にスナガニ類でみられる，はさみ脚を中心とした全身のリズミカルな運動を waving display という（図4.5）．その様式や頻度は種によって異なっている．

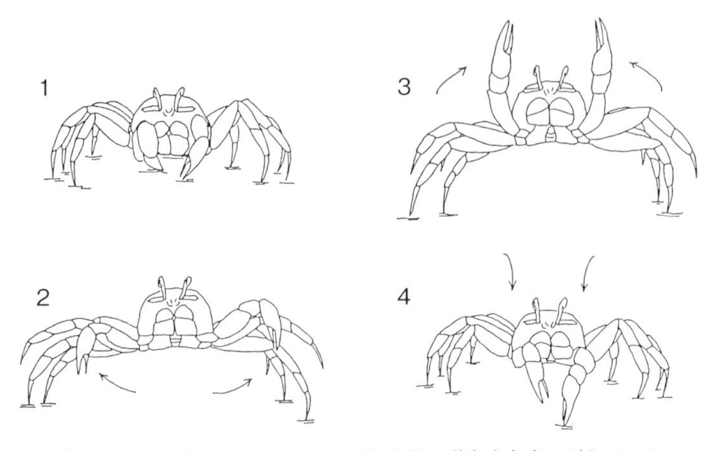

図4.5　コメツキガニの waving．はさみ脚の動きを矢印で示している

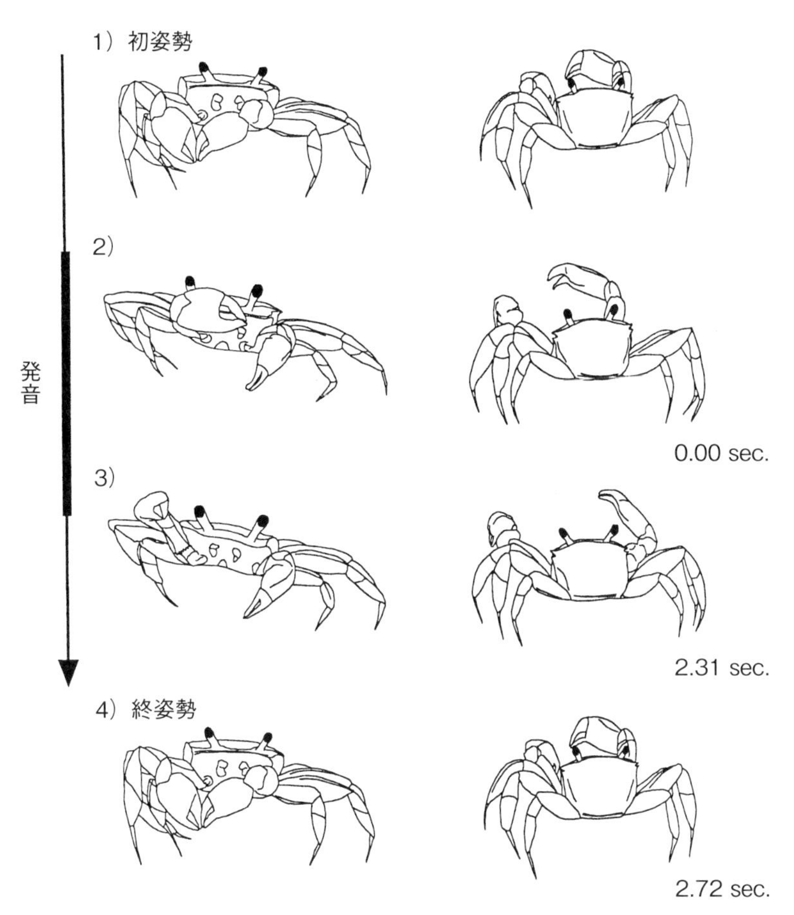

図4.6　イワガニ上科モクズガニ科の *Metaplax elegans* の waving．腹面からと背面からの2つの図で示した

Waving は，視覚に基づいた求愛と牽制の信号伝達機能をもつとされ（Crane, 1975），干潟のような二次元的空間にすむスナガニ類にとっては有効な他個体への信号といえる．事実，遮蔽空間がほとんどなく，干上がっている時間も比較的長い干潟の上部にすむ種が，最も活発に waving を行う．このことは，岩場やマングローブ林といった三次元的空間にすむイワガニ類では waving がほとんどみられないことと，waving がみられるイワガニ上科の種（図4.6）は，スナガニ類と同じような平坦な干潟にすむ種であること（Kitaura *et al.*, 2002；Nara *et al.*, 2006）からも理解できる．さらに同じ種であっても，遮蔽物のない

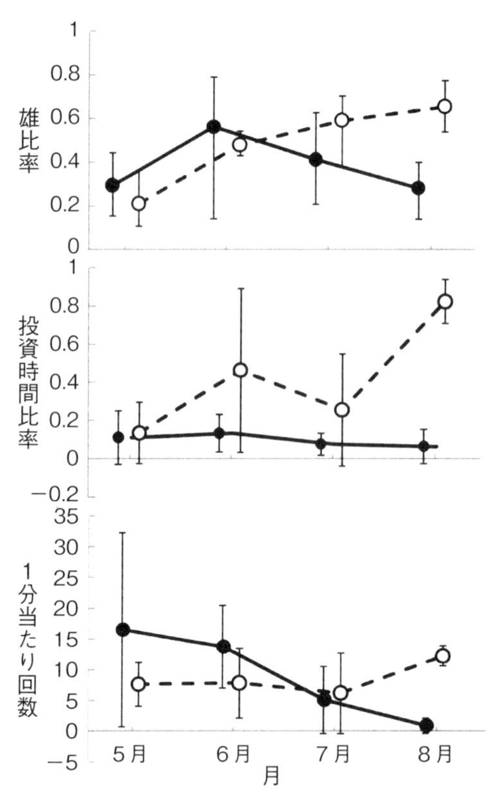

図4.7 ハクセンシオマネキ雄の植被下（ヨシ原内）の個体（実線）と非植被下の個体（破線）の waving 活動の経月変化．1個体が地上活動時間内に waving に費やす時間の割合（投資時間比率）は，非植被下の個体のほうが，植被下の個体よりも明らかに高い．集団中の waving 個体の割合（雄比率）と1個体が示す waving の激しさ（1分当たり回数）は，ともに5～7月は，植被下の個体と非植被下の個体の間で大きな違いはみられないが，8月には非植被下の個体のほうが，その値は明らかに高くなっている

ところにすむ個体のほうが，遮蔽物（ヨシ群落）のあるところにすむ個体よりも waving 頻度が高い（図4.7）ということも，ハクセンシオマネキで明らかになっている（Sakagami *et al.*, 2015）.

Waving の様式を種間比較によって類別化した最初の研究は，Crane (1957) によるシオマネキ類を対象としたもので，はさみ脚の動かし方が大きく垂直型と側方型に分けられ，それが形態的特徴とも結びついているとした．はさみ脚を垂直に上下する動きをもつ種は，甲の額部が相対的に狭く，反対にはさみ脚を側方に広げる動きを示す種は，甲の額部が相対的に広いのである．日本に分布

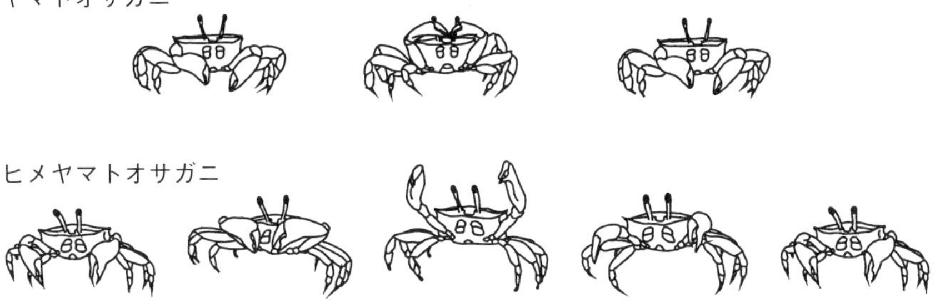

図4.8　ヤマトオサガニとヒメヤマトオサガニの waving

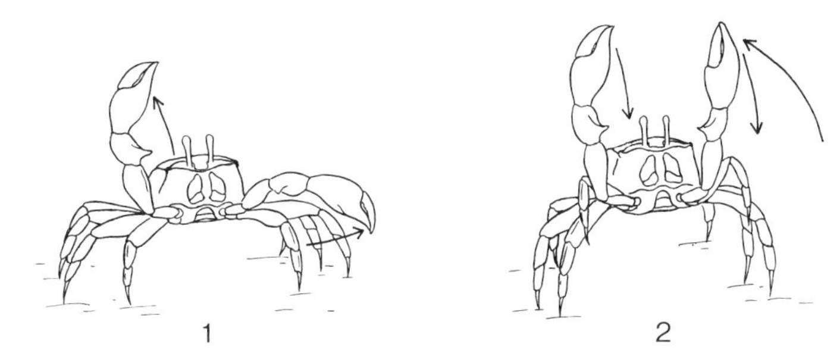

図4.9　*Ilyoplax orientalis* が示す左右不相称型の waving

するシオマネキ類でも，シオマネキは，垂直型の waving をし，ハクセンシオマネキは側方型の waving をする．垂直型と側方型の waving は，シオマネキ類以外のスナガニ類でも同じように認められる．オサガニ科のヤマトオサガニとヒメヤマトオサガニは，形態的に類似した近縁種だが，前者が垂直型，後者が側方型といった全く異なる waving を示す（図4.8）（Wada and Sakai, 1989）．ただしオサガニ科の側方型は，多くの種が内方から外方への動きを示し，シオマネキ類の側方型のような外方から内方への動きを示すものがほとんどない（Kitaura and Wada, 2004）．コメツキガニ科のチゴガニ属の種でも，waving は，垂直型と側方型，それに加えて左右不相称型の３つに類別される（Kitaura and Wada, 2006）．チゴガニ属の側方型は，シオマネキ類と同じように，外方から内方への動き方になり，左右不相称型の waving（図4.9）も，大きく振り回すほうのはさみ脚の動きは外方から内方への動き方となる．

Waving の様式を，種間の系統関係と関連付けるどうなるのだろう．Kitaura *et al.* (2006) は，西部太平洋域に分布するオサガニ属19種を取り上げ，各種の

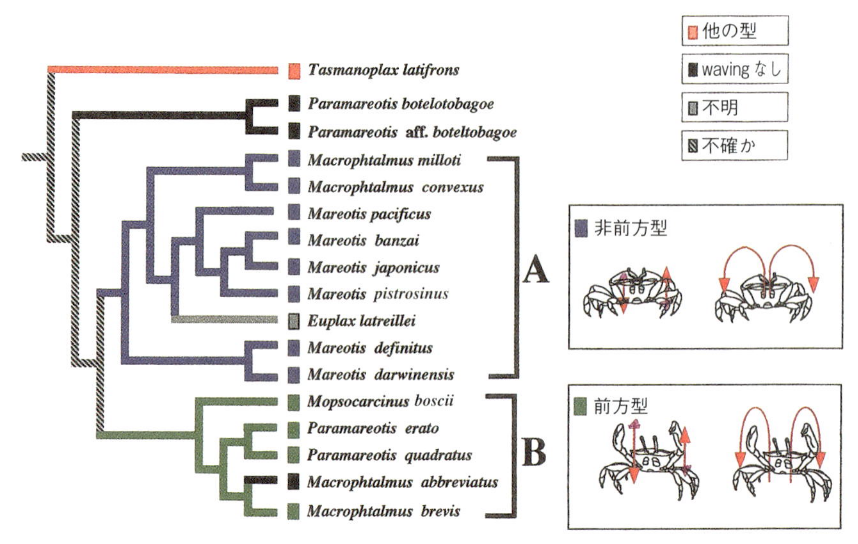

図4.10　オサガニ科の分子系統図に waving の前方型と非前方型の違いを当てはめた図．A のクレードは非前方型を執り，B のクレードは前方型を執るのを原則としている

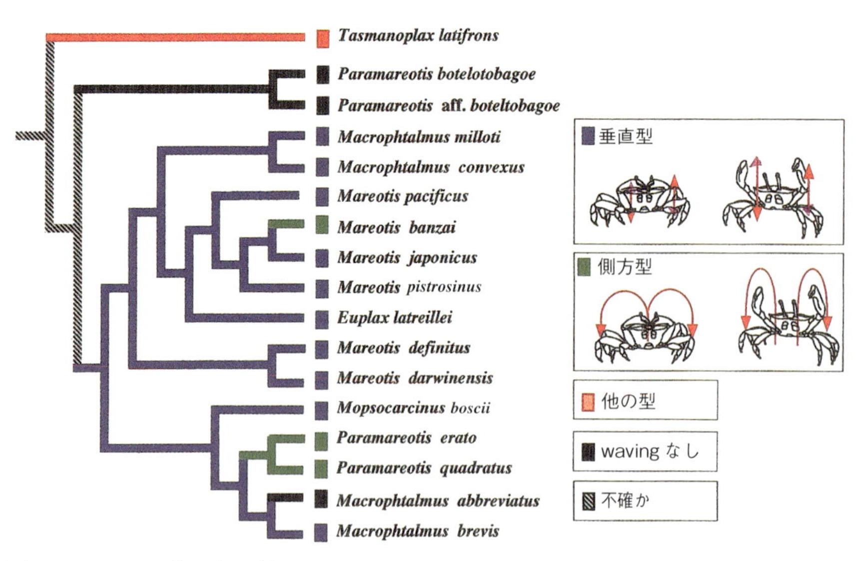

図4.11　オサガニ科の分子系統図に waving の垂直型と側方型の違いを当てはめた図．垂直型の中から側方型を執る種が進化してきたことがわかる

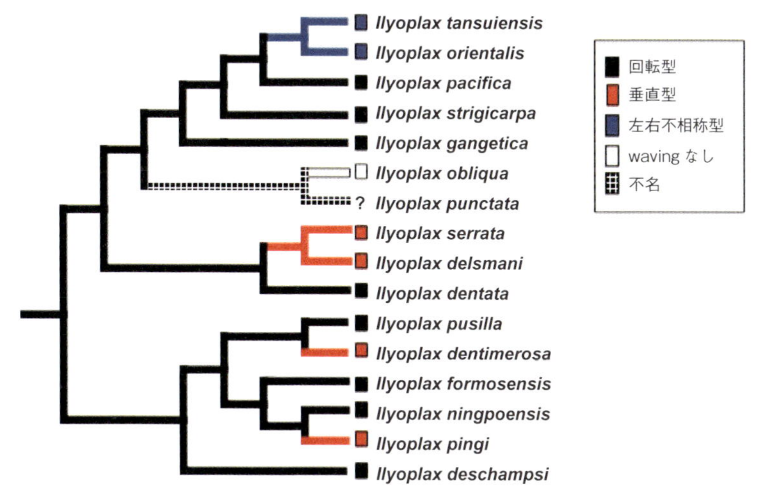

図4.12 チゴガニ属16種の分子系統図（ミトコンドリア rRNA の16S と12S）に各種の waving タイプを当てはめた図．黒色は回転型，赤色は垂直型，青色は左右不相称型，白色は waving がみられないものを示す

waving 様式を整理するとともに，種間の遺伝的な系統関係を明らかにした．興味深いことに，取り扱った種は大きく2つの系統群に分かれるが，waving の動き方もそれに対応していたのである．垂直または側方という違いとは別に，そのいずれの動き方であってもはさみ脚を前方に向けて上げるタイプと，前方へ向けずに上げるタイプが，それぞれの系統群に対応していたのである（図4.10）．そしてそれぞれのタイプの中で，垂直型から側方型への分化がみられた（図4.11）．チゴガニ属においても，種間の系統樹に waving のタイプを当てはめると垂直型と左右不相称型が側方型から進化したというシナリオが導かれた（図4.12）（Kitaura and Wada, 2006）．

はさみ脚を垂直に上下するだけの垂直型と側方への動きがある側方型は，シオマネキ類，オサガニ類，チゴガニ類のいずれにも共通してみられるものであるが，同じ種であっても垂直型と側方型の両方を執るものもある．チゴガニでは，雄だけでなく雌も waving をすることがあるが，雌の waving は垂直型である．また雄の waving もごく稀に垂直型を執ることがみられる（Yamada *et al.*, 2009）．さらにシオマネキ類と同じように雄のはさみ脚が巨大化したコメツキガニ科の種 *Pseudogelasimus loii*（図4.13）がベトナムに分布している（Nagahashi *et al.*, 2007）が，この雄は，巨大化したほうのはさみ脚を外方から内方に回転

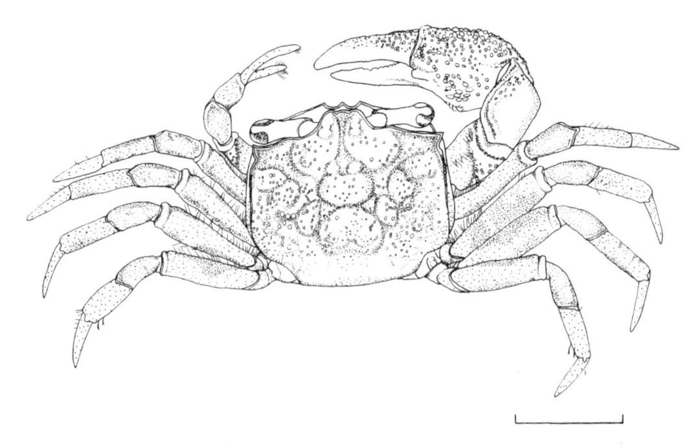

図4.13　雄のはさみ脚が巨大化するコメツキガニ科の *Pseudogelasimus loii*．スケールバー：5 mm

するように動かすときと，巨大はさみ脚を垂直に上下して動かすことがある．ちなみに，雄のはさみ脚が両方とも巨大化した個体が，シオマネキでみつかることがあるが，そのような個体は，waving をどのようにしているだろう．かつて京都大学瀬戸臨海実験所の田名瀬英朋先生が，田辺湾内の干潟で両方のはさみが巨大化したシオマネキを発見し，これを水族館で飼育されていたことがある．そのとき，水槽内でその個体が waving するのをみることができた．大きな 2 つのはさみ脚を揃えて垂直に上げ下げしていたのである．

Waving の様式が同じ種であっても集団間で変異がみられることがある．チゴガニは，側方型の waving をする典型的な種であるが，はさみ脚を最上位に上げたときにはさみ脚が伸びきるタイプ（伸脚型）と曲がったままのタイプ（非伸脚型）が認められる（図4.14）．両者のタイプがみられる頻度を，和歌山県田辺市内之浦にいるチゴガニと奄美大島役勝川河口域にいるチゴガニとの間で比較したところ，奄美大島のチゴガニのほうが，伸脚型を執る頻度が際立って高いことが明らかとなった（Yamada *et al.*, 2009）．このような行動特性の地域変異は，地域集団に固有の特徴なのかそれとも地域に付随する環境要因がつくっているものなのだろうか．そこで和歌山のチゴガニを奄美大島にもってきたら，waving はどうなるのか，また奄美大島のチゴガニを和歌山にもってきたら，waving はどうなるのかという実験を行った（Zayasu and Wada, 2010）．飛行機を使ってカニを輸送し，現地の干潟に放してその行動を約 1 週間追跡した．カニは透明のプラスチックケースに入れ，周りがみえるようにしたところ，5 ～ 8

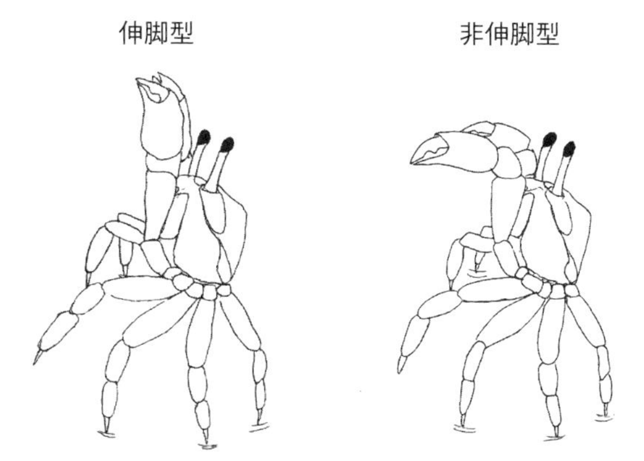

図4.14　チゴガニの waving における伸脚型と非伸脚型．伸脚型では，はさみ脚が最高位に上がったときに伸びきるのに対し，非伸脚型では曲がったままである

個体について waving が観察できた．移植された個体は，どちらに移植されても元の waving の様式を残していたのである．つまり，奄美大島のチゴガニは，和歌山でも伸脚型を執る割合が高く，反対に和歌山のチゴガニは，奄美大島においても伸脚型を執る割合は低いままであった．このことから，チゴガニにみられる waving の地域変異というのは，それぞれの地域集団に固有の特性としてつくられていると言える．

4-5　Waving―その機能

スナガニ類の waving は，特定の個体に向けることなく行われるのが普通である．雄が，近づいた雌に対して求愛するように waving を向けたり，あるいは近づいた他の雄に対してなわばりを防衛するように waving を向けることがあるが，これらの場合は求愛や牽制の機能をもっていると言えるだろう．しかし特定の個体に向けることなく行っている waving はどのような信号伝達をしているのであろう　その手がかりが得られるものとして，周りの個体の条件に対して waving 頻度がどのように変化するかをみてみるという研究手段が考えられる．

コメツキガニにおいて，特定の雄の周囲を雌ばかりにした場合と雄ばかりにした場合とで waving 頻度がどのようになるかをみてみたところ，雄は，周囲が雌ばかりのときはよく waving を行ったのに，周囲が雄ばかりになるとほと

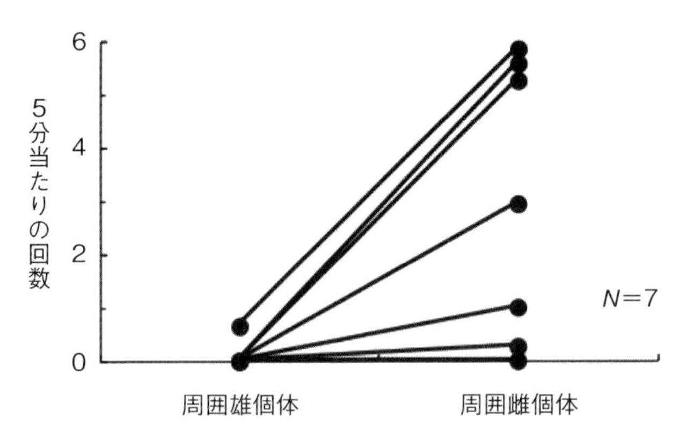

図4.15　コメツキガニ雄の，周囲個体が雄の場合と雌の場合との waving 頻度（5分当たりの waving 回数）の違い

んど waving をしなかった（図4.15）（Moriito and Wada, 2000）．この結果から，コメツキガニの雄の waving は，他の雄に対してではなく，雌に対して信号伝達を行っているとみなせる．雌に対する信号なら，その内容は求愛しか考えられない．では雄が雌とつがいを形成する過程で，waving はどのように働いているのであろう．コメツキガニでは，雄は雌を一方的に追い回し，雌を捕まえてからその場で交尾するか，自分の巣穴まで雌を運び込むという方法でつがい形成が成立する．雄が雌を追い回してからは，waving は一切行われない．では追い回す前に waving が行われ，なんらかの機能をしていることはないだろうか．Ohata *et al.* (2005) は，雌を雄の近くに放逐し，その雌に対して雄が waving を示すかどうか，そして waving が示された場合の雌の反応を調べた．62例の放逐雌に雄の waving がみられ，その waving に対する雌の反応には，雄に近づく場合（11例），雄から逃げる場合（42例），何の反応も示さない場合（9例）が認められた．興味深いのは，雄に近づいた場合はすべて雄に捕まり，つがい形成に至ったという点である．逆に雌が，waving をした雄から逃げた場合には，雄に追いかけられてもつがい形成には至っていなかった．雄は，自分の waving に対して雌が近づくという反応を執れば，確実に雌を獲得できるのだ．つまり waving は雌に，近づくか遠ざかるかの反応を誘発させていると言える．さらに興味深いのは，waving への反応の違いが雌の条件と関連しているという点である．雄の waving への反応として，雄に近づいた雌は，雄から逃げた雌よりも卵巣の発達が高かったのである（図4.16）．コメツキガニの雄は，waving によ

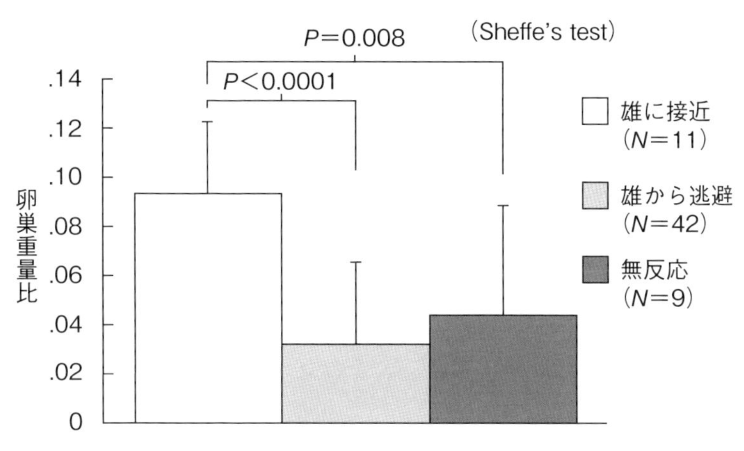

図4.16 コメツキガニにおける雄の waving に対する雌の反応の種類と，その雌の体内卵巣重量比．雄の waving に対して雄に接近した雌は明らかに卵巣重量比が高くなっている

って，繁殖可能な雌を，その反応を通して探索していると言えよう．

雄の waving が，周囲個体が雌のときに頻度が高くなるというのは，コメツキガニ以外の種でも同じであろうか．シオマネキでは，周囲個体に雌が少なくなるほど，特定の個体に向けない waving の頻度は高くなる（Wada *et al.*, 2011）．このことは，雄の waving が，近くの雌に対して信号を送るのではなく，遠くにいる雌を引き付ける役割をしていることを示唆する．さらにチゴガニについて，コメツキガニと同じように，周囲個体を雄ばかりにした場合と雌ばかりにした場合で雄の waving 頻度を比較したところ，コメツキガニとは逆に，周囲が雄ばかりの場合のほうが，雌ばかりの場合よりも雄の waving 頻度は高かった（Ohata and Wada, 2008a）．しかも周囲の雄の活動数が多いほど waving 頻度は上がったのである．チゴガニ雄の waving は，コメツキガニのように周囲の雌に対して行われているのでなく，周囲の雄との競争により鼓舞されていると言えよう．雄同士の競争によって鼓舞され，多くの雄が盛んに waving することが雌に対する求愛効果につながるのだろうか．シオマネキと同じように，遠くにいる雌に対して引き付ける効果があるのかもしれない．このことを検証するため，waving をよく行う雄が集まった空間と waving をあまり行わない雄が集まった空間をつくり，約35 cm 離れたところから雌に 2 つの空間を選択させるという実験（図4.17）が行われた（Ohata and Wada, 2009）．この空間づくりはどのようにしたかというと，野外での個体ごとの waving の観察から，よく waving

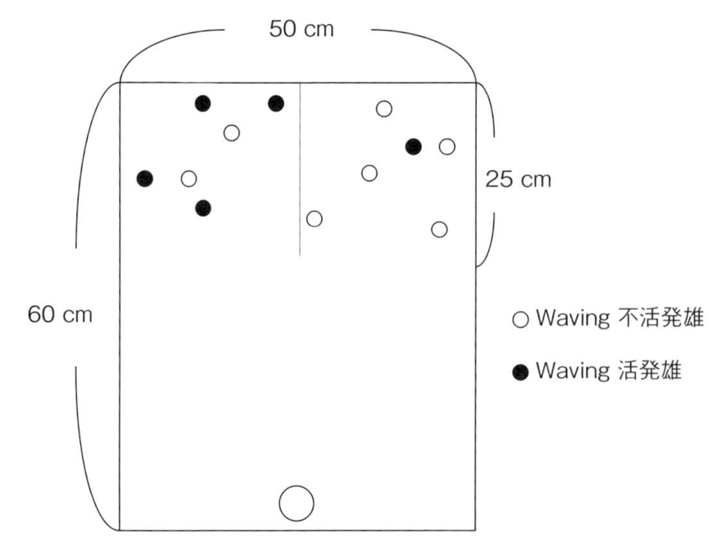

図4.17 チゴガニ雌の，雄の waving 集団への選好性検証の実験区．上方2つの区画の片方には，waving が活発な雄を多くなるように，またもう片方には少なくなるように設定し，下方の丸印のところから雌を放逐して，いずれの区画に雌が接近したかをみる

する雄と，ほとんど waving しない雄を識別し，これらを2つの空間に振り分けたのである．28個体の雌で実験したところ，雌が，多くの雄が waving している空間を選んだのは，22個体で，残り6個体はあまり waving をしていない空間を選んだ．前者のほうが有意に多いことから，多くの雄が waving しているところを，雌は好んで近づくということができる．チゴガニの雄は，互いの競争を通じて waving を盛んにすることで，雌への誘因効果をつくり出していることになる．

シオマネキもチゴガニも，周囲個体が雄の waving 頻度に与える影響は，コメツキガニとは全く異なるものであった．それでは盛んに waving するハクセンシオマネキではどうだろう．アメリカに分布する *Leptuca pugilator* では，コメツキガニと同じ傾向があることが明らかにされている（Pope, 2000）．そこでハクセンシオマネキについて，周囲個体を雌ばかりにした条件下と雄ばかりにした条件下で，雄の waving 頻度を比較したところ，2つの条件の間で，雄の waving 頻度に違いは出なかったのである（大畠，未発表）．これは，周囲個体の性によって雄の waving は影響を受けないことを示している．この場合に考えうる waving の信号伝達対象は，遠くにいる個体であるということである．

チゴガニと同じように，遠くから雌に雄の集団を選択させる実験により，この点が検証できると思うが，まだこの実験はできていない．

4-6 配偶行動

スナガニ類の配偶様式は，地上で交尾が行われる表面様式と巣穴の中で交尾が行われる巣穴内様式に大きく類別される．種によって，いずれかの様式しか執らなかったり，両方の様式を執るものがある．例えば，ハクセンシオマネキは両方の様式を執る（Murai *et al.*, 1987）が，チゴガニは，巣穴内様式だけで地上交尾がみられることはない．同じチゴガニ属であっても，サンゴ礁の岩盤上の穴にすむミナミチゴガニ *Ilyoplax integra* は，地上交尾がほとんどで，巣穴内で交尾することは稀である（Kosuge *et al.*, 1992）．

コメツキガニでも，雄が雌を追いかけてこれを捕まえるとその場で交尾する表面様式と，捕まえた雌を巣穴に運び込んで巣穴の中で交尾する巣穴内様式がみられるが，その使い分けは，雄と雌の体サイズのバランスで決まっている．雌が雄よりも大きくて，雄にとって運びにくい場合には地上交尾になり，雌が雄より小さくて運びやすい場合には巣穴内交尾になるのだ（Yamaguchi *et al.*, 1979；Wada, 1981a）．しかしコメツキガニの配偶行動を詳しく観察する（和田，1982b）と，この 2 つの様式の使い分けが必ずしも明快ではないことがわかる．例えば小型の雄が雌の巣穴に入ってこの巣穴を閉ざすということが観察されている．また大型の雄が雌を持ち運んだ後，巣穴に入れずにそのまま地上交尾することもある．さらには，大型の雄が雌を持ち運んでいる途中に，他の大型雄がやってきて雄に捕まれたままの雌と交尾をすることまである．この観察で特に面白かったのは，雄が雌と間違われて雄の巣穴に運ばれたことである．コメツキガニの雌雄は，はさみの形状などはよく似ており，性判別が困難である．おそらく小型の雄は，雌と見間違いされることまであるのだろう．間違って雄を巣穴に運び込んだ雄は，その後しばらくしてその個体を巣穴から放り出した．観察をじっくり続けると，雌が，立て続けに異なる雄と何度も交尾することがあることもわかった．その記録をここに再録してみる．

「地上交尾中の雌雄発見．その雌雄は別々に放浪し始めるが，雄のほうが再び，元の相手の雌を捕まえ，その場で約40秒交尾する．交尾後雌は再び放浪するが，その途中，別の雄がこの雌を捕まえ，その場で交尾する．その最中，さらに別の大型の雄がこのペアーを捕まえ，ペアーごと巣穴まで持ち運び，雄のほうを放した後，雌とその場で交尾する．この雄は，交尾後も同じ雌を持ち運ぶが，その途中で別の雄に雌を奪われる」

この記録によると，この雌はわずか14分の間に，3個体の雄と4回も交尾をしたことになる．

コメツキガニの表面様式と巣穴内様式の使い分けは，基本的には雌雄の体サイズの違いに基づくものであったが，巣穴内様式で雄が雌を捕まえずに巣穴に誘導するタイプ種では，2つの様式の使い分けはどのような要因によっているのだろう．Koga *et al.* (1998) は，*Leptuca beebei* において，鳥などの捕食者の捕食圧が高くなると雌の放浪性が抑えられ，結果として雌を巣穴に誘導する巣穴内様式を執る雄が減り，表面様式が増加することを示した．一方 De Rivera *et al.* (2003) は，同じ *Leptuca beebei* で，密度が配偶行動様式に影響するとした．具体的には，密度が高まると雌の放浪が増えるので，雌を巣穴に誘導する巣穴内様式を執る頻度が上がるというのである．同じように巣穴内様式と表面様式を執る日本のハクセンシオマネキについて，密度が配偶行動様式に影響するかどうかを，高密度域と低密度域とで，配偶行動様式の執られる頻度を比較した（Aoki and Wada, 2011）．高密度域の密度（平均18.1/m^2）は低密度域の密度（平均8.2/m^2）の約2倍であったが，放浪雌の出現頻度も waving している雄の割合も違いはなく，みられた配偶行動様式の頻度は，表面様式：巣穴内様式が，高密度域で40 : 11，低密度域で19 : 4となり，表面様式と巣穴内様式の頻度比は，高密度域と低密度域とで違いはなかったのである．ハクセンシオマネキでは，密度が配偶行動様式に影響することはないと言える．なおこの調査地でのハクセンシオマネキの捕食者には，アシハラガニとチュウシャクシギ *Numenius phaeopus* がみられたが，その捕食頻度は極めて低く，高密度域と低密度域とで捕食圧が違うという状況は考えにくい．

つがい形成手段に相手（雌）をだますという手の込んだ戦術を執る種が知られている．チゴガニでは，雄がはさみ脚を高く掲げて雌の周りを急旋回したり，雌に突進したりするという奇妙な行動が観察されることがある（図4.18）（吉村・和田，1992）．明らかに雄は雌を驚かせており，雌のほうは，これに反応して雄の巣穴に逃げ込むことがある．自分の巣穴に雌が逃げ込んでくれたら，雄はすぐに巣穴に戻る．そのあとは，ペアーが成立したときと同じように，雄が巣穴を閉じてしまうことがあるが，閉じられず，雌が出てきてそこから離れてしま

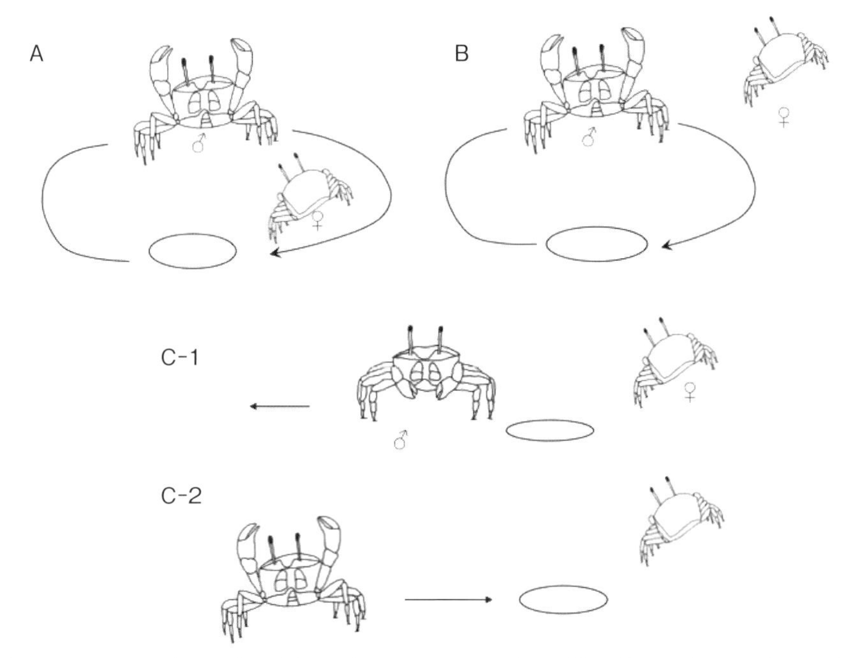

図4.18 チゴガニ雄の，雌に対するおどしによるだまし戦術．雌の周りで急接近したり（A, B），巣穴から直線状に一旦離れ（C-1），急にはさみ脚を上げて巣穴方向に突進する（C-2）

うこともある．前者の場合は，つがい形成が成功したことになる．このおどし行動は，雌に外敵がきたように見せかけて，自分の巣穴に逃げ込むことを誘発させているとみられる．このようなだまし戦術は，dash-out-back display と称され，シオマネキ類の *Leptuca pugilator*, *Leptuca terpsichores*, *Leptuca beebei* で知られており（Christy and Rittschof, 2011），チゴガニ属でも *Ilyoplax pingi* や *Ilyoplax dentimerosa*（Wada *et al.*, 1996），それにハラグクレチゴガニ（和田，未発表）でみられる．Kasatani *et al.* (2012) は，チゴガニのだまし戦術が正攻法（雄が雌に waving を向けて自分の巣穴に誘導する）に比べてどれくらいの頻度で行われているか，またその成功率とともに，だまし戦術が生じやすい条件は何かを検討している．それによると，だまし戦術が執られる頻度（131回）は正攻法の頻度（396回）の約1/3であり，明らかにだまし戦術のほうが，頻度としては低いことがわかる．成功率はどうであろう．試行に対して雌が巣穴に入った割合をみたところ，正攻法では14％（55/396），だまし戦術では12％（16/131）で，両者間に差はない．しかし雌が巣穴に入ってから，巣穴が雄によって閉じられた，つまりペアーが確実に成立した割合を比較したところ，正攻法では47%（26/55）もあるのに対して，だまし戦術では19%（3/16）しかなく，明らかに正攻法のほうが高いのである．雌を巣穴に入れるところは，だまし戦術でも正攻法と同じくらいの成功率をもてるが，雌が巣穴に入ってから雌を確保できる確率はだまし戦術では低くなるのだ．おそらく雌は，だましだと認識すると雄に抵抗して雄の巣穴から逃げることがあるのだろう．だまし戦術の発生に影響する要因としては，求愛する雄のサイズ，周囲の雌密度，そして時期が明らかとなった．雄のサイズが比較的小さく，周囲の雌密度が比較的低く，そして繁殖期間の早い時期という条件下で，だまし戦術が執られやすいようだ．体サイズの小さな雄は，大きな雄よりも劣勢なため，正攻法では雌を得にくいのかもしれない．また周囲に雌が少なかったり，繁殖期の初期は，交尾可能な雌との遭遇頻度が低いので，雄は正攻法では雌を獲得しにくく，だまし戦術を執りがちになるのであろう．

干潟に巣穴をもって生活するスナガニ類では，巣穴を交尾場所にすることがあるため，雄は雌を巣穴に導き入れる手段に様々な工夫をこらすことになり，それがいろいろな求愛行動になっているものと思われる．このことから，巣穴をほとんどもつことがない種では，反対に求愛行動はほとんどないと考えられるが，事実，干潟に巣穴を掘ることがほとんどないアリアケモドキやチゴイワガニ（図4.19）では，交尾は地上で行われ，特に交尾前に雄の求愛行動をみることはない（Nakayama and Wada, 2015a）.

配偶行動上雄は他の雄に比べて優位になるような形質を具えるように進化してきたとみなされ，例えば体サイズは大きいほど優位になるので大型雄ほど雌獲得率も高いと考えられる．ところがチゴイワガニ（Nakayama and Wada, 2015a）やクマノエミオスジガニ（Kawane *et al.*, 2012）の雄は，最大個体でも雌の半分くらいしかないという奇妙な特徴をもっている．このことは，チゴイワガニの雄では体サイズが大きいことが，雌獲得上必ずしも有利でないことを反映しているのかもしれない．そこで体サイズの違う雄間で雌獲得率を比較することを試みた（Nakayama and Wada, 2015b）．まず体サイズの異なる2個体の雄を雌に提供し，雌がどちらの雄と交尾したかを検討した．雄はそれぞれ水槽の端に糸でつなぎ，2個体の雄の中間のところに交尾可能な雌を置いて，雌に選択させる実験を行ったのである．48例の試行のうち19例で交尾が成立したが，大きいほうの雄が交尾した例数（14例）のほうが小さいほうの雄が交尾し

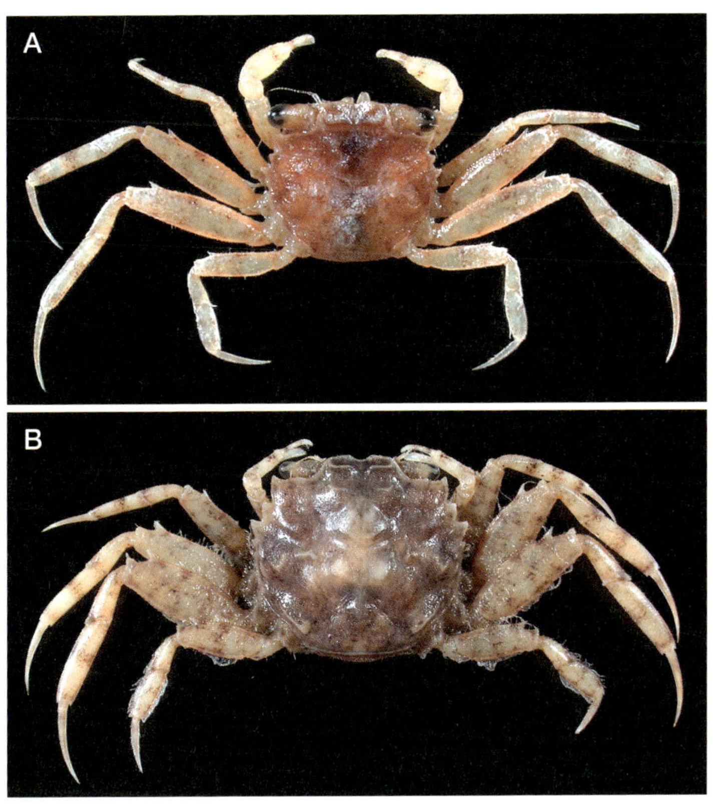

図4.19　チゴイワガニの雄（A）と雌（B）（駒井智幸撮影）

た例数（5例）よりも有意に多かった．予想に反して，大きいほうの雄が雌に好まれることがわかった．しかし3個体以上の雄が1個体の雌を巡って競争するような状況ではどうだろうか．そこで4個体のサイズの違った雄を水槽の四隅に糸でつなぎ，中央に雌を置いてどの雄が雌と交尾できるかをみてみた．すると，最大個体が交尾したもの（2例），2番目に大きい雄が交尾したもの（3例），3番目に大きい雄が交尾したもの（3例），最も小さい雄が交尾したもの（1例）がいずれもみられたのである．この実験中雄同士の闘争は全くみられていない．雄同士の闘争があれば，大きい個体が勝つのは明らかであるが，雌を巡って雄同士が闘争することはないので，雌獲得上体サイズが有利に働くことはないのである．実際，雌に一番早くアプローチできた雄が，雌と交尾できていた場合がほとんどだったのである．

4-7　なわばり維持行動

干潟に生息するスナガニ類の多くは，個体ごとに巣穴をもつという生活様式をもつため，巣穴を中心としたなわばりをもつのが普通である．なわばりを維持する手段は，周りの個体への牽制的行動や接近した他個体に対する防衛闘争である．牽制的行動には，ダッシュをかけたり，歩脚を伸ばしたり，はさみ脚を振り回したり（waving）といった内容が含まれる．チゴガニでは，牽制的行動は雄も雌も行うが，相互に争う闘争は雄同士でしかみられない（Wada, 1993）．このような直接的ななわばり防衛行動とは別に，間接的な手段でなわばり防衛を行っているものが，スナガニ類ではみつかる．

それは，表面の砂泥を山のように積み上げた構造物をつくるという行動である．シオマネキでは，自分の巣穴口周囲に煙突状に泥を積み上げるのがよくみられる（図4.20）．チムニーと称されるこの構造物は，自身の巣穴が他の個体に奪われるのを防ぐ役割があることがわかっている（Wada and Murata, 2000）．干潟表面の泥ではなく，巣穴の中から掘り返された泥で構造物をつくり，これになわばり維持効果をもたしている例もある．韓国の干潟に生息するチゴガニ属の１種 *Ilyoplax pingi* は，巣穴近くに自分の体長の何倍もあるような膨大な泥の山を築く（図4.21）が，この山を除去すると近隣個体が接近することが確認され，泥の山がなわばり維持効果をもっていることが示された（Wada *et al.*, 1994）．

チゴガニでは，近隣個体の巣穴横に砂泥を積み上げたり（バリケード）（図4.22），巣穴を砂泥でふさいだりといった特定個体へのいやがらせによりなわばりを維持するという巧妙な行動が知られている．いずれもいやがらせの効果はあって，バリケードを築かれたり，巣穴をふさがれたりした個体は，これをした個体を避けるようになるのである（Wada, 1984b, 1987a）．チゴガニがこのような狡猾な行動を執ることに気付いたのは，チゴガニを野外で研究対象にしてから実に10年も経ってからであった．研究のためにデータを取るときは，その研究目的に縛られ，対象となるもの以外には眼がいかなくなるのだろう．何の目的もなくチゴガニを見に干潟に出たときに，この行動の存在に気付いた．ある目的のためにその対象を見続ければ，その目的に合う面しかみなくなり，新たな現象の発見を得る機会は失われる．

他個体の巣穴を砂泥でふさぐという行動は，チゴガニ属のいくつかの種やシオマネキ亜科（Gelasiminae）の種で報告されている（Zucker, 1977；Wada and

図4.20　シオマネキがつくるチムニー

図4.21　韓国産チゴガニ属の1種 *Ilyoplax pingi* がつくる泥の山

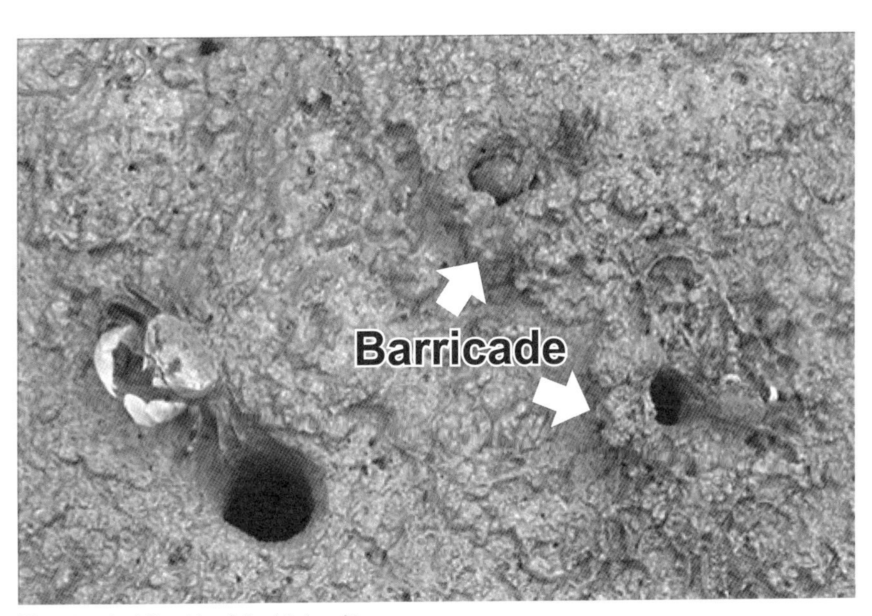

図4.22　チゴガニがつくるバリケード

Park, 1995；Kitaura *et al.*, 1998；Wada and Wang, 1998；Wada *et al.*, 1998）が，チゴガニでみられるような，ふさがれた個体に地上活動域を制限させる効果は見出されてはいない．ただふさがれたことによってしばらく地上活動が制限されるという効果は，他の種でもあるようだし，さらにふさがれた個体が，その後その巣穴を放棄するという事例もある（Wada and Park, 1995）．一方砂泥で山を築くバリケード構築行動は，チゴガニ属の一部の種でしか知られていない（Kitaura *et al.*, 1998）．例えば日本産のチゴガニ属にはチゴガニ，ハラグクレチゴガニ，ミナミチゴガニが知られているが，バリケードがみられるのはチゴガニだけである．

しかし，チゴガニでも地域集団によってバリケードをつくる頻度に違いがあることがわかっている（Furukawa *et al.*, 2008）．チゴガニの巣穴のうちどれくらいのものにバリケードが築かれているかというと，その割合は，宮城県の蒲生干潟や東京湾の新川で30〜40％，和歌山県の田辺湾や熊本県の合津で15％前後，そして奄美大島では極端に低くて，わずか１％前後となっている．バリケードが障壁として効果があるためには，盛り上がった構築物に対する忌避傾向がなければ意味がない．本当にバリケードをつくる種ではこの忌避傾向が強く，バリケードをつくらない種やバリケードをごくわずかしかつくらない奄美大島のチゴガニでは，忌避傾向が弱いという行動特性の違いがあるのだろうか．そこで人為的にバリケードをカニの巣穴横につくり，それに対するカニの反応を調べて，忌避傾向をさぐってみた．一定時間内に人工のバリケードを避けずにバリケード上を歩行したり，あるいはバリケードを壊したりする個体がどれくらいあるかを調べたのである．まずバリケードをつくらない種であるハラグクレチゴガニとコメツキガニについて，チゴガニと比べてみたところ，バリケードを壊した個体の割合もバリケードを無視してこれに乗り上がる個体の割合も，両種ともチゴガニよりも高かったのである（Ohata and Wada, 2006）．同じように，チゴガニの中で，バリケードを比較的よくつくる集団（和歌山県）とあまりつくらない集団（奄美大島）の間で，同様の行動特性を調べたところ，やはり，バリケードを壊した個体の割合やバリケード上に歩行する個体の割合は，奄美大島の集団のほうが和歌山の集団よりも高かった（Furukawa *et al.*, 2008）．干潟上に盛り上がって存在する構造物に対する忌避傾向は，やはりバリケードをよくつくる種や地域集団で強くなっているのだ．

チゴガニが巣穴ふさぎやバリケード構築でなわばりを維持する目的は何であ

図4.23　チゴガニでつがい形成が成立し，入口が閉じられた雄の巣穴

ろう．考えられるのは餌場の確保と配偶相手の獲得である．チゴガニの配偶様式は，雄が雌を自分の巣穴に導入するのが基本である．従って巣穴の周りを防衛する目的が配偶相手の獲得にあるのは，雌でなく雄である．バリケード構築個体も巣穴ふさぎ個体も，その多くが大型の雄であること（Wada, 1984, 1987a）は，配偶相手獲得のためにバリケードでなわばりを防衛していることを示唆する．バリケード構築頻度は繁殖期に高くなること（Ohata and Wada, 2008b）や，巣穴ふさぎが繁殖期でもその盛期に最も頻度が高いこと（Takayama and Wada, 1992）も，配偶行動との結びつきを示唆する．しかしバリケードを築いた個体は，それによって配偶相手の獲得率が上がっているのだろうか．これを確かめるには，バリケードを築いた雄と築いていない雄との雌獲得率を比較する必要がある．ところが，バリケードを構築している雄は，全体の１割にも満たず，加えて雄と雌がつがいを形成する場面を捉えるのは容易でない．つがい形成場面を直接観察できるのが難しいなら，つがいが形成されたものを取り上げて，そのつがいの雄がバリケードをつくっている割合が，雌とつがいになっていない雄に比べて高いか調べるという手段はあるだろう．つがいが形成されたペアーが入った巣穴は独特の閉じられ方をしている（図4.23）．このような閉じられ方をしている巣穴をみつけたとき，その巣穴の近隣個体の巣穴横にバリケード

が築かれていたら，その巣穴に入っている雄が雌とペアーになる前にそのバリケードを築いていたとみなせる．雌とつがいを形成している雄とそのすぐ近くに巣穴をもっている雄とで，どちらの雄がバリケードを築いていたかを検討してみた（Ohata and Wada, 2008b）．ペアー雄がバリケードを築いていて，その近隣雄がバリケードを築いていなかったのが15例に対して，ペアー雄がバリケードを築いていなくて，その近隣雄がバリケードを築いていたのは５例しかなかった．この結果は，バリケードを築いている雄のほうが，築いていない雄よりもペアー形成率が高いことを示しているとみられる．

巣穴ふさぎやバリケード構築によるなわばり維持の目的には，餌場の確保ということもありえる．なぜなら，雌も，巣穴ふさぎやバリケード構築を行うことがあるし，非繁殖期にも，巣穴ふさぎやバリケード構築が少ないながらみられる（Wada, 1987a；Ohata and Wada, 2008b）からである．

バリケードを築かれたほうの個体は，それによって自分の活動域が制限されるため，不利な条件に置かれるとみられるが，バリケードを逆手にとって利益を得ている面もある．築かれているバリケードは，餌分の豊富な干潟表面の砂泥であり，それが山になっていれば恰好の餌場を自分の巣穴近くに提供してもらえたことになる．砂泥単位重量当たりの餌含量は，平坦な干潟表面に比べて，バリケードのほうが高いことがわかっているし，バリケードを築かれた個体がバリケード上で積極的に摂餌することが観察されているのだ（Wada, 1987b）．バリケード上で摂餌すれば，それによってバリケードも形を壊すことになって，バリケードを築かれた個体にとっては好都合であろう．バリケードは，相手にいやがらせをするだけでなく，相手に好都合な条件も与えているといえる．

近隣他個体に対して，複数の構築物で対抗する種がいる．韓国西岸に分布するチゴガニ属の１種 *Ilyoplax dentimerosa* である．本種はバリケードだけでなく，さらに２種類の構築物，フェンス（図4.24）とミニシェルター（図4.25）を築く（Wada, 1994）．フェンスは，近隣個体の巣穴と自分の巣穴との中間域に泥で固めてつくられ，このフェンスも築かれた個体に対して忌避効果をもつことが明らかになっている（図4.26）．バリケードはチゴガニ以外のチゴガニ属の種で知られるが，フェンスは，*Ilyoplax dentimerosa* のほかには知られていない．ミニシェルターは，バリケードやフェンスを築いている個体が，自分の巣穴横に泥を盛り上げているものである．ミニシェルターの位置はバリケードやフェンスを築いている方向にあるため，この構築物もバリケードやフェンスで対抗して

図4.24　韓国産チゴガニ属の1種 *Ilyoplax dentimerosa* がつくるフェンス

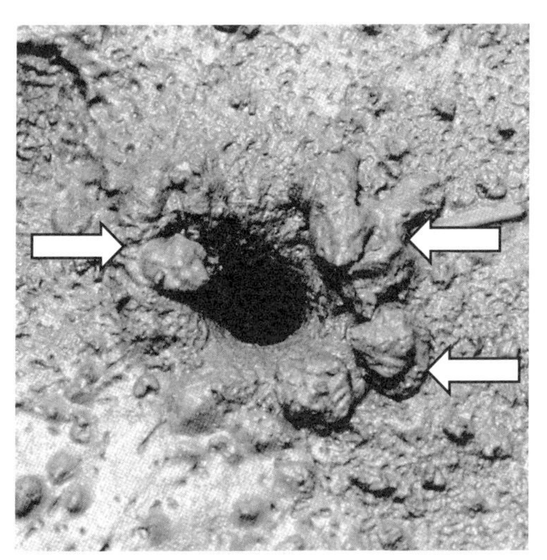

図4.25　韓国産チゴガニ属の1種 *Ilyoplax dentimerosa* がつくるミニシェルター

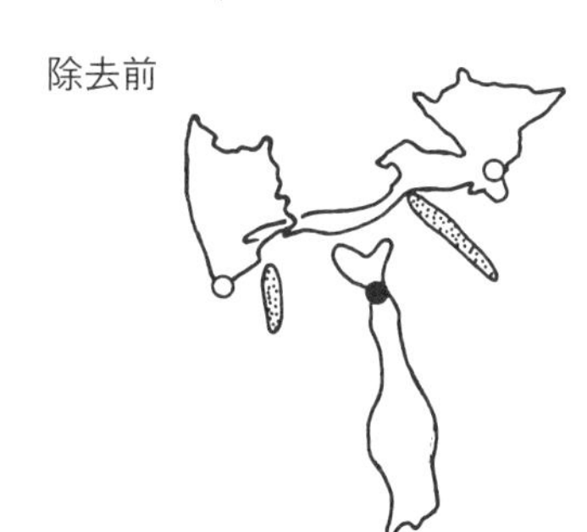

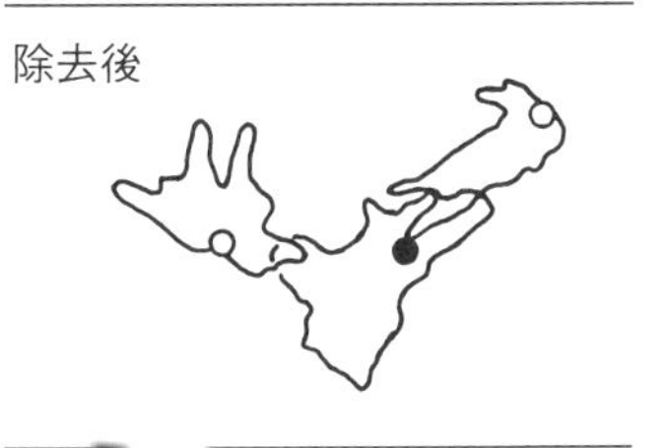

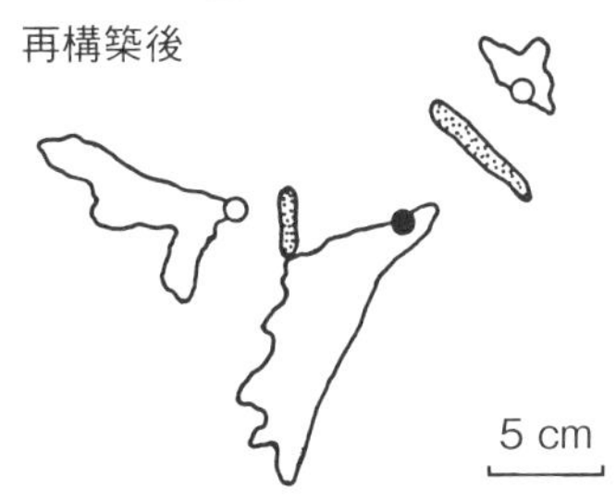

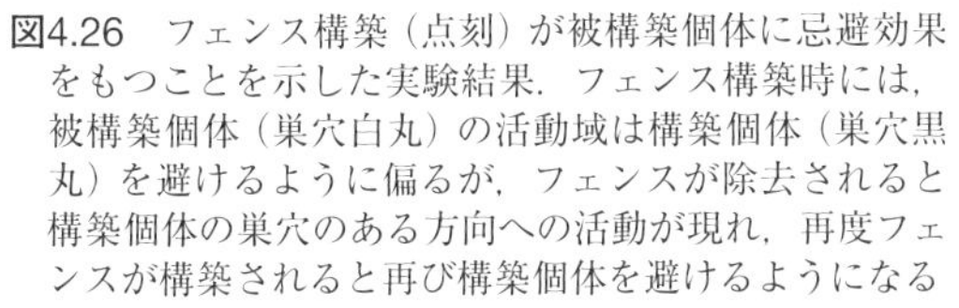

図4.26　フェンス構築（点刻）が被構築個体に忌避効果をもつことを示した実験結果．フェンス構築時には，被構築個体（巣穴白丸）の活動域は構築個体（巣穴黒丸）を避けるように偏るが，フェンスが除去されると構築個体の巣穴のある方向への活動が現れ，再度フェンスが構築されると再び構築個体を避けるようになる

いる近隣他個体への防衛機能をもつものと推察される．ただミニシェルターが防衛しようとしているのは，巣穴そのものとみなされ，シオマネキのチムニーと同様の機能があるものと思われる．これら泥の構築物を築いている *Ilyoplax dentimerosa* 各個体は，チゴガニのバリケード構築個体のように雄に偏ることはない．バリケード構築個体の性は雄にも雌にも偏らず，ミニシェルター構築個体も同様なのに対して，フェンス構築個体は雌に偏るのだ．これは，巣穴を含むなわばりの防衛要求が雄よりも雌のほうが大きいことを物語っている．チゴガニでは雌雄がつがいを形成するのは雄の巣穴内であるが，*Ilyoplax dentimerosa* では，雌の巣穴でつがいが形成されることが多い（Wada *et al.*, 1996）．また本種の生息場所は干潟のかなり高位なところで，しかも底質はかなり固いので新たな造穴はかなり困難とみられる．そのため，巣穴内で抱卵する雌は，巣穴への固執性が高くなるのであろう．

チゴガニよりもさらに泥っぽいところに生息するヤマトオサガニやヒメヤマトオサガニは，バリケードや巣穴ふさぎをすることはないが，全く違った方法で自分のなわばりを維持している．それは自分の近くにいる他個体の体を掃除するという行動だ．この行動は個体間掃除行動 allocleaning と称され，哺乳類にみられるグルーミングや鳥類にみられる毛づくろいと似た他個体への奉仕的な行動である．ヒメヤマトオサガニでは，比較的短時間で行われる short cleaning とやや長めの long cleaning が認められ，この long cleaning が自分のなわばり防衛に貢献していることがわかっている．Long cleaning を向ける相手は自分よりも小さくない雄または雌で，相手の甲面や歩脚に付いている泥等をつまんで食べるのである（口絵17）（Ueda and Wada, 1996）．興味深いのは，掃除を受けた個体の掃除後の対応である．大半で，掃除を受けた個体は，その後自分の巣穴まで戻るという行動を示すのである．つまり掃除してくれた相手に道を譲っているのだ．譲ってもらったほうは，その後その場で摂餌行動を示す．相手に奉仕的な行為をして，そのお返しに道を譲ってもらい，自分のなわばりが守られていることになっている．さらに興味深いことに，掃除の時間が長いほど，つまり丁寧に掃除するほど，相手は道を譲りやすくなることもわかった（Fujishima and Wada, 2013）．無脊椎動物では極めて稀有な個体間の相互協力という関係をそこにみることができる．Allocleaning は，オサガニ属のほとんどの種でみられることがわかっている（Kitaura and Wada, 2004）が，その社会的機能については，ヒメヤマトオサガニでしか明らかにされていない．

4-8　生活史

日本の本州，四国，九州に分布しているハクセンシオマネキ（Yamaguchi, 2001a），コメツキガニ（Wada, 1981a），チゴガニ（Wada, 1981a），ヤマトオサガニ（Henmi, 1992b）といった種では，雌が卵を抱く時期（繁殖期）は春から夏までの暖かい時期になるのが普通である．しかしこの繁殖期が地域集団によって異なる場合がある．特に琉球列島では，日本本土の集団とは違った繁殖をもつといった例が知られている．Henmi (1993) は，ヒメヤマトオサガニの繁殖期が，九州の天草周辺では春から夏であるのに対して，奄美大島では秋から冬となって繁殖期が逆転するという現象を見出している．その後，Aoki *et al.* (2012) は，和歌山，高知，種子島のヒメヤマトオサガニは抱卵期が夏季であるのに対して，沖縄島，西表島のヒメヤマトオサガニは秋季に抱卵することを報告し，さらに興味深いことに，ヒメヤマトオサガニの遺伝的特徴もこの繁殖期の違いと連動するように，和歌山から種子島のグループと奄美大島から西表島のグループに大きく区分されることを見出している（図4.27）．繁殖期が，温帯の日本本土の集団では夏季になり，亜熱帯の琉球列島の集団では冬季になるというのは他の種でも同様とは限らない．チゴガニは，東北から九州までの本土から沖縄諸島までに分布するが，奄美大島や沖縄島の集団が本土の集団と遺伝的に大きく違っている（Yamada *et al.*, 2009）にもかかわらず，繁殖期は春から夏にかけてである．塩性湿地やマングローブ湿地をすみ場所としているシオマネキは，日本本土では繁殖期が夏なのに，沖縄島では夏と冬の２季の繁殖期をもっている（Aoki *et al.*, 2010）．

温帯域に分布する種の中で，繁殖期が極端に早春に偏る特徴をもつものがある．黄海沿岸に分布するチゴガニ属の１種 *Ilyoplax dentimerosa* である．韓国西岸で本種の生活史を追跡したところ（Wada *et al.*, 1996），抱卵雌は４月から８月まで認められるものの，その集団中の割合は４～５月が極端に多く，特に４月では繁殖可能サイズの雌の実に98.2％が抱卵していたのである（図4.28）．このような早春に偏った抱卵はスナガニ類では類がないが，イワガニ類のヒメアシハラガニにおいて似た傾向が報告されている（Omori *et al.*, 1997）．*Ilyoplax dentimerosa* の場合，つがい形成行動が秋季にもみられており，また冬季は全く地上活動はみられないことからみて，早春に大量に抱かれた卵は，前年の夏季から秋季にかけて交尾して雌の貯精嚢に蓄えられた精子が授精したものとみ

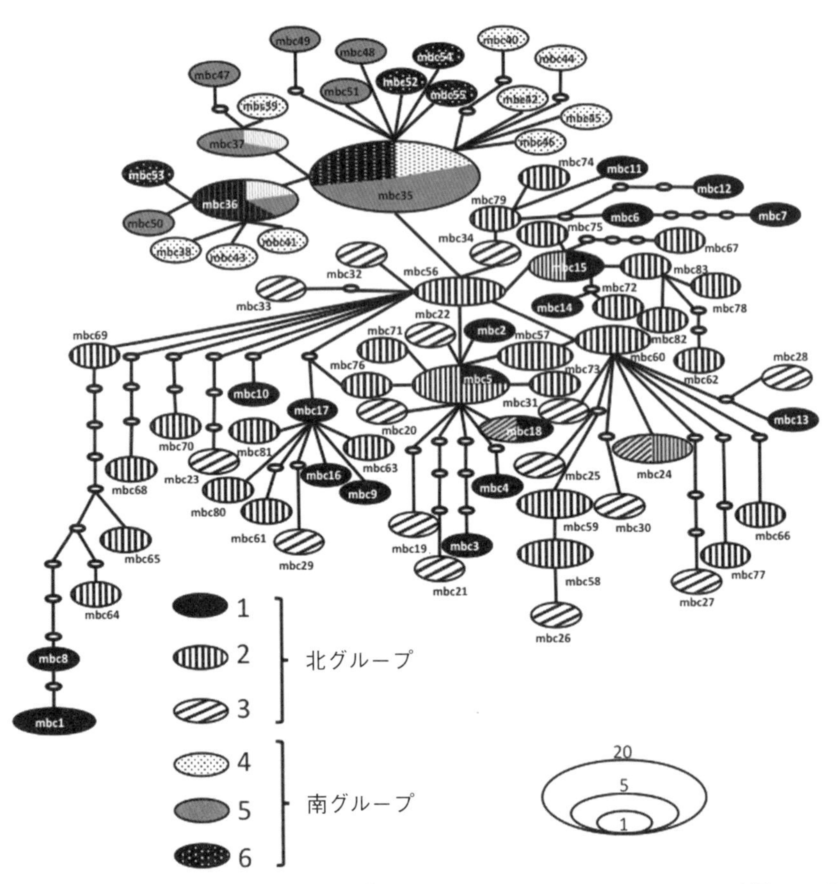

図4.27　日本沿岸のヒメヤマトオサガニ集団にみられるミトコンドリア DNA COI 領域のハプロタイプネットワーク図．丸印の大きさは，そのハプロタイプをもつ個体の数に比例する．
1：和歌山，2：高知，3：種子島，4：奄美大島，5：沖縄島，6：西表島

られる．

繁殖開始齢については，和歌山のコメツキガニやチゴガニでは生後1年という数字が推定されている（Wada, 1981a）．ハクセンシオマネキ（Yamaguchi, 2002），ヤマトオサガニ（Henmi, 1992b），ヒメヤマトオサガニ（Henmi, 1993）でも繁殖開始齢は同様とされている．寿命においては，和歌山のコメツキガニやチゴガニで少なくとも生後2年はあるとしている（Wada, 1981a）．これに対して Yamaguchi (2002) は，ハクセンシオマネキでかなり正確な寿命推定を行っており，それによると最低でも7年という数字を示している．同様にシオマネ

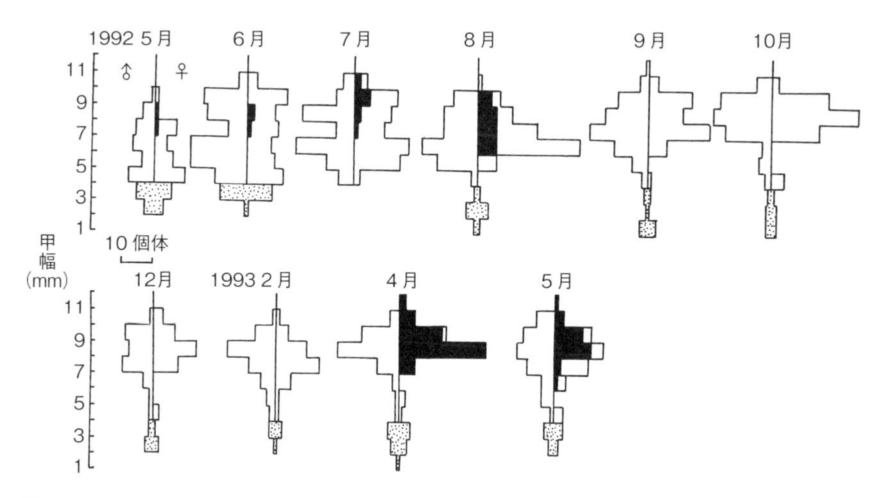

図4.28 韓国産チゴガニ属の1種 *Ilyoplax dentimerosa* の江華島における個体群構造の季節変化．点刻部は雌雄判別不可の稚ガニ，黒色部は抱卵雌を示す

キでも最低でも5年という寿命が推定されている（Otani *et al.*, 1997）．一方で，繁殖開始齢も寿命も，これらよりもずっと短い特徴を示す種がいる．オサガニ科のチゴイワガニは，生後1年を経ずに数か月で繁殖に参加し，生後1年後の秋季には死亡することが推定されている（Nakayama and Wada, 2015a）．チゴイワガニに似た短寿命，早期繁殖開始齢は，ムツハアリアケガニ科の種，アリアケモドキ（Kawamoto *et al.*, 2012），カワスナガニ（Fukui and Wada, 1986），クマノエミオスジガニ（Kawane *et al.*, 2012）でもみられる特徴である．

4-9 すみこみ

ある生物の体や，ある生物がつくり出す環境にすみつくような生物間の関係をすみこみという．干潟のカニにあってもすみこみ関係をみることができる．カニの体表に別の動物が付着してすみつく例としては，フタハオサガニの歩脚に付く二枚貝オサガニヤドリガイ（Kosuge and Itani, 1994）や，ミナミメナガオサガニのはさみ脚基部付近に付くメナガオサガニハサミエボシ（Kobayashi and Kato, 2003）が知られている．いずれも熱帯・亜熱帯に分布するオサガニ科の種が宿主になっているが，私は温帯性種のオサガニの歩脚にオサガニヤドリガイが付いているのをみたことがある．これらの付着生物は宿主のカニにどのような影響を与えるものかはわかっていない．付着生物のほうは，生息の場を提供してもらっている点で利益を得ているとみられるので，両者の関係は片利共生とみることができる．ただメナガオサガニハサミエボシの場合は，宿主のはさみ脚基部に特異的に付いているため，宿主のカニははさみが2対あるようにみえるので，そのことが宿主になんらかの影響を与えていることも考えられる．

韓国の干潟で，私は大型のヒメヤマトオサガニの巣穴に小型のチゴガニ属の種 *Ilyoplax pingi* がすみつく現象をみつけた（Wada *et al.*, 1997）．ヒメヤマトオサガニは干潟の中下部に分布ゾーンがあるのに対して，*Ilyoplax pingi* はそれより上位のところに巣穴をもって分布しているが，潮が引くとともに *Ilyoplax pingi* の中に，巣穴を離れて下方に放浪するものが出現する．下方に放浪する個体が下方に分布するヒメヤマトオサガニの巣穴を一時的なすみかとして利用するのだ．ただし利用の仕方には2種類がある．ひとつは，ヒメヤマトオサガニの巣穴から出入りするというもので，もうひとつは，ヒメヤマトオサガニの巣穴入口近辺に穴を掘ってヒメヤマトオサガニの巣穴とつながり（図4.29），その穴から出入りするというものである．この利用が一時的なものであることは，どちらの利用の仕方をしている *Ilyoplax pingi* も，時間が経つとそこからまた放浪を始めることが観察できるからである．ヒメヤマトオサガニの巣穴の利用率は，単に巣穴から出入りする *Ilyoplax pingi* がみられる巣穴は10～20％であるのに対し，連結した *Ilyoplax pingi* の巣穴がみられる巣穴は50～70％にも達していた．ひとつのヒメヤマトオサガニの巣穴にどれくらいの *Ilyoplax pingi* が利用しているのかというと，単に巣穴を出入りするのが平均4個体，最大16個体で，連結した巣穴をもつのが，平均3個体，最大10個体であった．これらの *Ilyoplax pingi* は，巣穴から出るとほとんどは摂餌行動を行い，配偶行動をすることはない．外敵が近づくと，これらの *Ilyoplax pingi* は，一斉にヒメヤマトオサガニの巣穴に逃げ込む．ヒメヤマトオサガニの巣穴は，それを利用している *Ilyoplax pingi* にとって，明らかに外敵から身を隠す場所となっているのである．*Ilyoplax pingi* は，このようにヒメヤマトオサガニから利益を得ていることは明らかであるが，ヒメヤマトオサガニにとっては，*Ilyoplax pingi* がすみつくことで特に利益が得られるということは考えにくい．ハゼがテッポウエビの巣穴に共生する場合に，ハゼはテッポウエビの先に配位して外敵の接近を知らせる役目をしているが，このような関係は，*Ilyoplax pingi* とヒメヤマトオサガニの間にはみられない．むしろ *Ilyoplax pingi* はヒメヤマトオサガニの巣穴周辺で摂餌行動をしているた

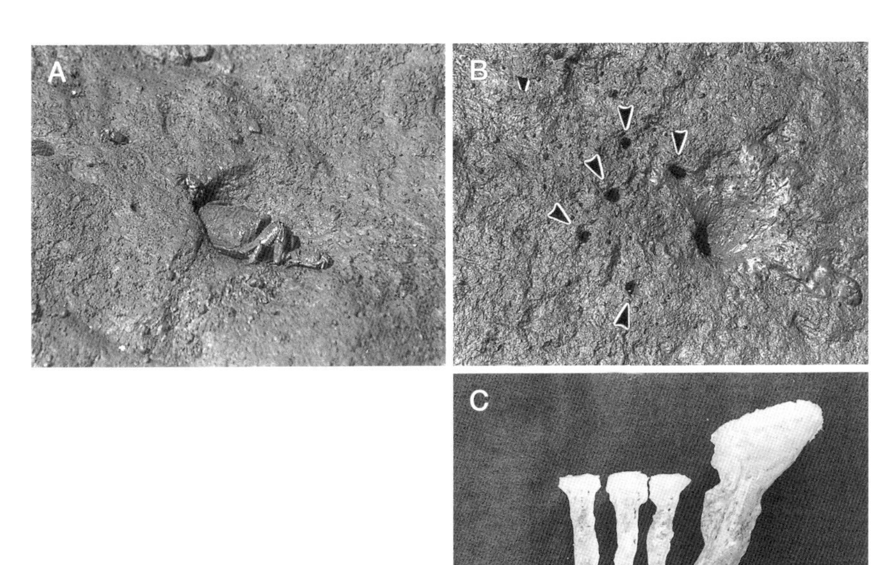

図4.29　韓国産チゴガニ属の1種 *Ilyoplax pingi* によるヒメヤマトオサガニの巣穴利用．ヒメヤマトオサガニの巣穴入口から出入りする (A) だけでなく，ヒメヤマトオサガニの巣穴に内部で連結する巣穴をもつ (B, C)

め，ヒメヤマトオサガニが摂餌する場を制限している可能性が考えられる．そのためか，ヒメヤマトオサガニが巣穴近くにいる *Ilyoplax pingi* に追い払い行動を示すことがある．ただ一方で，*Ilyoplax pingi* が宿主に攻撃をかけた事例も観察されており，このときには大きいほうのヒメヤマトオサガニが後退していた．

第5章

塩性湿地のカニ

5-1　分布と生息場所利用

干潟上部から潮上帯にかけてヨシなどの植生が発達するところを塩性湿地と呼んでいる．塩性湿地は温帯域の干潟後背部に発達するもので，草本性植物から成るのが特徴で，熱帯域の木本性植物から成るマングローブ湿地と対照的である．塩性湿地には固有の底生生物が生息しているが，その分布を定量的に把握しようとした研究は，干潟部の底生生物に比べて少ない．それは干潟のように一定面積の基底を掘り返して底生生物を採集することが，塩性湿地やマングローブ湿地内では，極めて困難なためである．徳島県の吉野川河口域は，河口から汽水域上端まで広範囲にわたって塩性湿地が存在しており，流程（塩分濃度勾配）と地盤高（潮位高勾配）に伴った底生生物の分布を把握するのに適した条件となっている．そこでカニ類についてその分布を定量的に調べることにした（和田ほか, 2002）．ただし掘り返しによる採集が困難なため，地上部を活動する個体をトラップで捕まえる手法を採用した．トラップ設置は，河口近くから汽水域上端まで5か所から，ヨシ原内の上方から下方までに2～4地点を設けて春，夏，秋と3季にわたって行われた．その結果13種988個体のカニ類が採集され，際立って多かったのはイワガニ上科ベンケイガニ科のクシテガニ（545個体）（口絵18）とイワガニ上科モクズガニ科のアシハラガニ（304個体）（口絵19）であった．この両種はともに河口近くから上流域まで幅広く分布していたが，最上流部では少なかった．これに比べ，分布が下流寄りに偏るのがヒメアシハラガニ，逆に上流部に偏るのがクロベンケイガニとベンケイガニ，そして最下流部と最上流部でともに少なくなるのがハマガニであった．ヨシ原内の地盤高でみると，クロベンケイガニとベンケイガニがともにヨシ原内の上部に偏るのに対し，残りの4種はそれより低い中下部に分布していた．

吉野川河口域の塩性湿地で優占するクシテガニとアシハラガニには生息場所特性に明瞭な違いがみられない．つまり種間ですみわけは認めにくいという結果は，両種が共存できる要因をほかに求めなければならない．活動時間ですみわけをしている可能性はないだろうか．ヨシ原内で活動個体数を1日観察するのは困難なので，やはりトラップに入る個体の数を時間帯によって調べれば地上活動の日周変化の目安にできるだろう．昼間の干出時間とそれ以外の時間とでトラップに入る個体を調べた（Kuroda *et al.*, 2005）ところ，クシテガニでは昼間の干出時間のほうがそれ以外の時間よりも活動個体数が多いのに対して，アシハラガニでは2つの時間帯で活動個体数は比較的似ていたが，活動個体数の時間帯間の比率には両種間で違いはみられなかった．つまり時間帯によるすみわけは認められなかった．それでは食べている餌の内容に違いはないだろうか．ヨシ原内でこれらのカニが摂餌している場面をできるだけ多く観察して，その餌内容物を特定するようにした（Kuroda *et al.*, 2005）．アシハラガニで133例，クシテガニで129例の観察ができたが，その餌内容物は，両種とも表土，生きたヨシ，枯れたヨシ，カニ類などの動物であり，観察例が最も多かったのは両種ともヨシ原内の表土であった．なお餌となるカニ類は，アシハラガニ，クシテガニともに，自種と相手種，それにシオマネキの3種が認められたが，アシハラガニのほうが，これらカニ類を食べる頻度が高かった．これらの傾向は，胃内容物を直接観察した（Kuroda *et al.*, 2005）結果からも認められた（図5.1）．動物食の傾向は，クシテガニよりもアシハラガニのほうが強いのである．両種とも自種，相手種を食することがみられたが，自種と相手種のどちらも同じ程度に食しているのだろうか．室内で成体と亜成体とを一緒に飼育し，成体による亜成体への捕食活動を観察してみた（Kuroda *et al.*, 2005）．その結果は，自種と相手種への捕食頻度に2種間で違いが認められた．アシハラガニは，自種，相手種のクシテガニともに，同じ程度にこれらを食したのに対し，クシテガニは，自種よりもアシハラガニのほうをよく食べたのである．他のカニを食べる傾向が弱いクシテガニが，肉食傾向の強いアシハラガニの亜成体をよく捕食しているのだ．結局，アシハラガニとクシテガニの共存を可能にしているのは，餌メニューの相違と，相手種を捕食する強さが肉食傾向の弱いほうの種にあることだと言うことができる．

ヨシ原周辺に生息するスナガニ上科のカニとしてはシオマネキ類が挙げられる．シオマネキ（口絵20）がヨシ原内と周辺の泥場をどのように生息場所とし

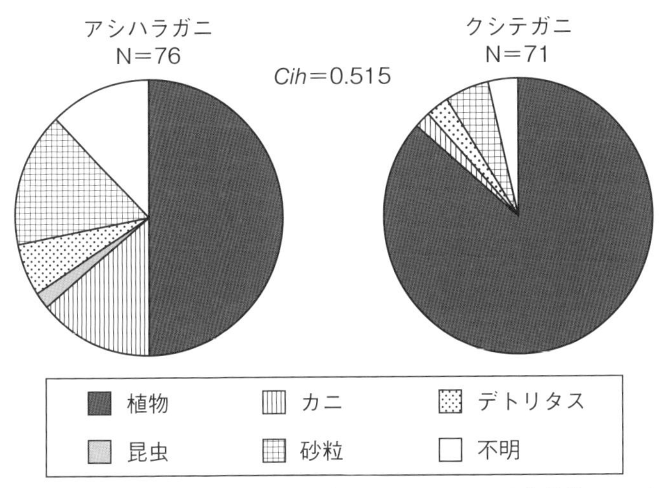

図5.1 アシハラガニとクシテガニの胃内容物内訳．N は調べられた個体数，*Cih* は2種間での餌内容物の類似度（0～1）を示す

て利用しているかを，シオマネキが多数分布する徳島県の勝浦川河口域で調べた（大野ほか，2006a）．ヨシ原前面の泥場からヨシ原内にかけて横断上の分布を活動個体数から求めたところ，ヨシ原際の泥場で最も多く，ヨシ原内では，比較的地盤高が低くてヨシの植被も小さいところで比較的多くなっていた．地上活動がみられない冬場に，掘り返しによりこれらの地点ごとの個体数を調べてみたところ，活動期と同じ分布パターンがみられた．稚ガニと成ガニを区別して分布をみたところ，稚ガニはヨシ原前面の泥地にはほとんどいなくて，ヨシ原内に主に分布するという特徴がみられた．つまり稚ガニは，成ガニに比べて分布範囲は狭く，潮位が高くてヨシ植被のあるところに主に分布している（図5.2）と言える．さらに地上活動内容を地点間で比較し，場所によって活動内容に違いがないかを検討してみたところ，雌の摂餌行動はどこでも同じ頻度だったが，雄の摂餌行動は生息数が最も多かったヨシ原際の泥地で少し低く，反対に waving する個体が多くなった．

シオマネキ各個体を個体識別して，個体ごとに場所利用を追跡してみた（大野ほか，2006a）ところ，各個体の移動範囲はほぼ 4 m 以内であることがわかった．同一の巣穴を保有している期間は，雄で平均4.7日，最大16日，雌で平均5.5日，最大14日であった．個体ごとの場所利用範囲は意外に小さいが，ヨシ原内とヨシ原際の泥地との間での行き来は認められている．

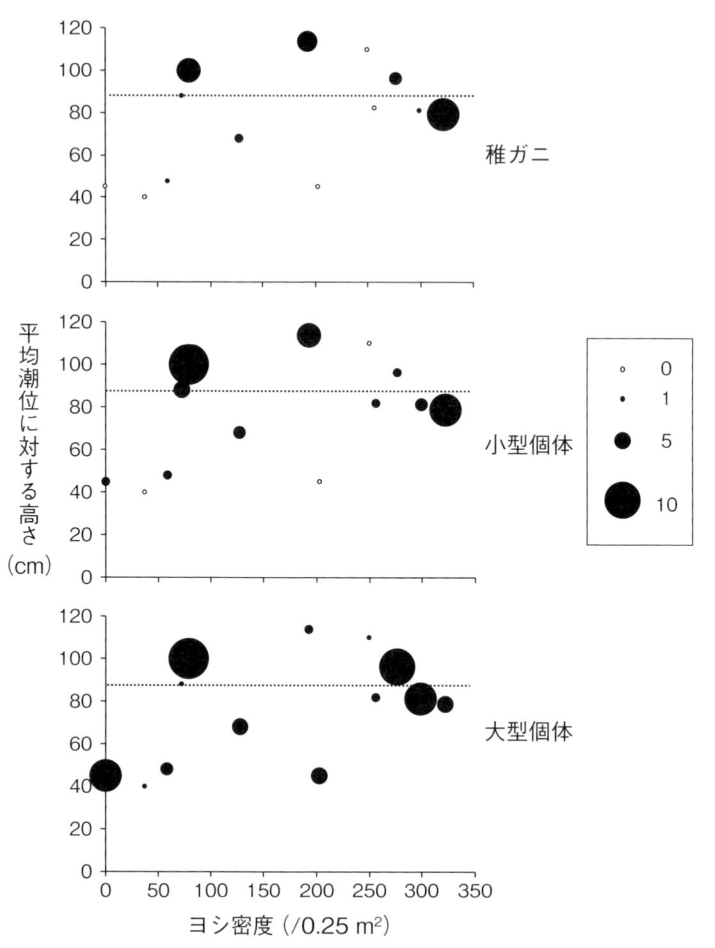

図5.2　ヨシ密度と地盤高からみたシオマネキの分布．稚ガニ，小型個体，大型個体に分けて示した．丸の大きさは密度に対応する

シオマネキはヨシ原内から縁辺の泥場までを利用していることが示されたが，それではヨシの存在はシオマネキの生息に必要なものなのだろうか．そこでヨシ原縁辺部でヨシの刈り取りをして，その後のシオマネキの生息量をみてみた（大野ほか，2006b）．1 m×3 m の刈り取り区と非刈り取り区，それぞれ 6 か所について 1 か月後，2 か月後，3 か月後の生息数をみたところ，成ガニは刈り取り区，非刈り取り区ともに生息数は，初期に比べて減少したが，刈り取り区と非刈り取り区との間で減少率に違いはなかった．これに対して稚ガニの生息

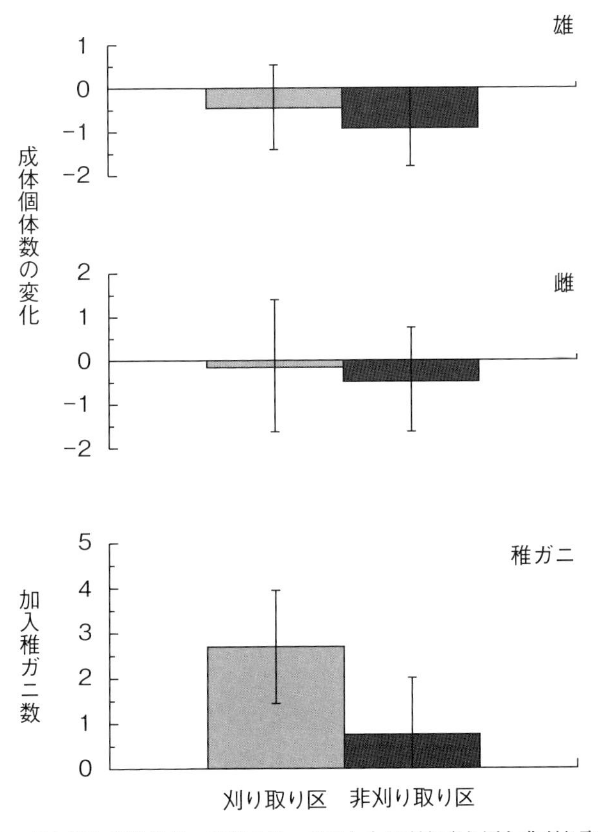

図5.3 ヨシの刈り取り実験結果．成体の雄，雌はともに刈り取り区と非刈り取り区で生息数変化量に違いがないが，稚ガニは刈り取り区のほうが増加数が多くなっている

数は両区とも増加がみられたが，刈り取り区のほうが増加率が高かった（図5.3）．つまりヨシの存在は，シオマネキ成ガニには特に何の影響も与えるものではないのに対して，シオマネキ稚ガニには負の影響を与えるものになっている．いずれにしてもこの実験からは，シオマネキはヨシ原内外に分布するという特徴をもっているのに，ヨシの存在が彼らに不利な条件をつくりだしていることが示されたのである．おそらくヨシ原が発達するところの潮位高と底質の条件がシオマネキの生息に適合しているだけなのだろう．では幼生が定着するのにヨシの存在は影響するだろうか．そこで稚ガニの分布している潮位高と底質の条件を具えながら，ヨシのあるなしという違いのあるボックスを干潟に設定して（図5.4），シオマネキの新規定着数を調べる実験を行った．6組のボッ

図5.4　シオマネキの幼生定着をみるための実験ボックス．ヨシが植栽されたボックス（➡）とヨシのないボックス（⇨）とで，定着直後の稚ガニの個体数を比較した

クスで106日後に稚ガニの生息数をカウントしたところ，ヨシのあるボックスとヨシのないボックスともに稚ガニの新規加入がみられたが，その数には違いはみられなかった．平均値は，むしろヨシのないボックスのほうが高かったのである．つまり幼生の定着にもヨシの存在は有効ではなかったのである．

5-2　社会行動

オープンな干潟に生息するスナガニ類とは違い，塩性湿地内に生息するベンケイガニ科やモクズガニ科の種は，植生が遮蔽となって社会行動の観察が容易ではない．そのためこれらの種の社会行動に関する研究は極めて少ない．Nara *et al.* (2006) は，そのような種を6種（ヒメアシハラガニ，ミナミアシハラガニ，アシハラガニ，ハマガニ，クロベンケイガニ，フタバカクガニ *Perisesarma bidens*）取り上げ，野外観察によって社会行動の種間比較を行った．それによると，闘争行動は，その様式が比較的種間で似ており，科に特徴的な行動要素

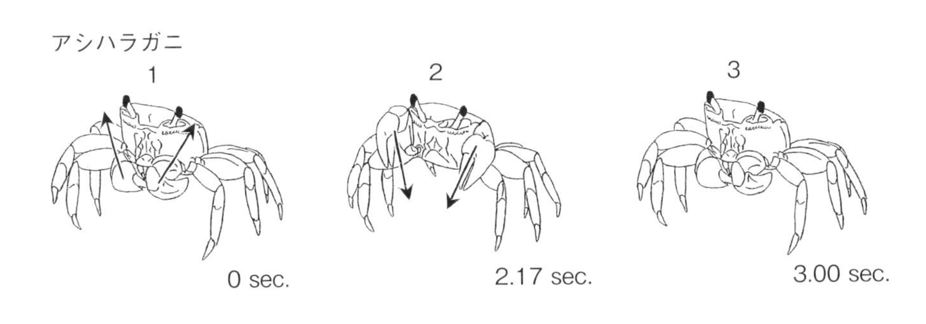

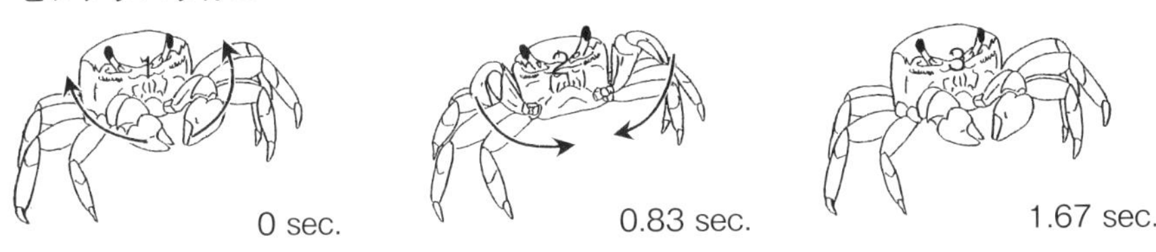

図5.5 アシハラガニとヒメアシハラガニの waving．はさみ脚の動きを矢印で示した

はなく，また種に固有の行動要素としては，アシハラガニの arm-extended pushing（はさみ脚を伸ばして押し合う）とクロベンケイガニの leg-tapping（相手歩脚を歩脚でたたく）が認められた．

興味深いのは，スナガニ類でよくみられる waving display が一部の種で確認されたことである．二次元的空間をすみ場所としている多くのスナガニ類とは違い，塩性湿地や岩場といった三次元的空間をすみ場所としている多くのイワガニ類では，視覚的信号の発達は低いとされ，そのため体の動きを誇示するような waving display は発達していないとみられていた．しかしこの研究から，干潟環境に主要生息場所をもっているヒメアシハラガニや干潟環境とヨシ原の両方を利用するアシハラガニにおいて waving display が観察されたのである．両種とも両方のはさみ脚を垂直に上げ下げするもの（図5.5）で，スナガニ類でみられる側方に回転させるような動きはない．ちなみに，イワガニ上科の種ではさみ脚を回転させる waving をする種は，すみ場所が干潟になる *Metaplax* 属の種で知られている（Beinlich and Polivka, 1989；Kitaura *et al.*, 2002）．

Nara *et al.* (2006) は，配偶行動も観察している．6種のうち，アシハラガニ，クロベンケイガニ，フタバカクガニの3種で地上での交尾行動がみられた．いずれも交尾前の求愛行動はなく，雄が雌に近づいてそのまま両者が対面姿勢と

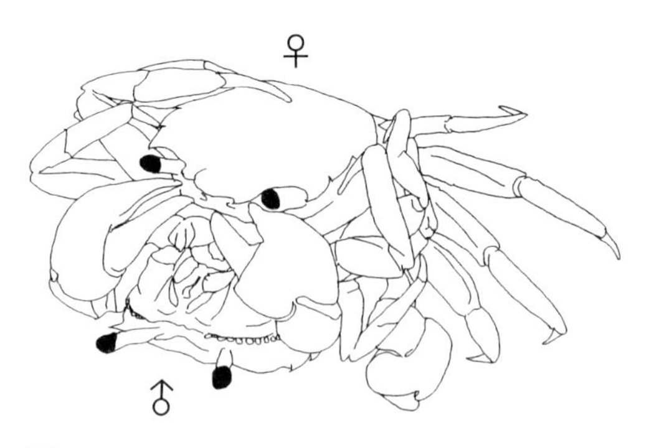

図5.6　アシハラガニの交尾

なり，雌が上位になって交尾する（図5.6）というものである．なお交尾後に雄による雌のガード行動もアシハラガニで確認されている．このような交尾後ガードは，同じモクズガニ科のイソガニ属の種で知られているが（Brockerhoff and McLay, 2005a, 2005b），スナガニ上科の種では，地上交尾をするものがこのような交尾後ガードをするという報告はないし，私もみたことがない．なお私は，この研究とは別のところで，ハマガニが地上交尾をしているのを目撃している．これらの種では巣穴内で雌雄が一緒にいることがあり，巣穴内で交尾が行われている可能性もある．

第6章

マングローブ湿地のカニ

6-1　マングローブ植物とカニの関係

熱帯・亜熱帯の海岸に発達するマングローブ湿地は，多くの動物の生息場所を提供しているが，中でもカニ類は種数，個体数ともに数多い動物群となっている．私の初めての海外調査は，南タイのラノーンにある巨大なマングローブ林での生物調査であった．マングローブ植物の樹高は40 m近くにもなるもので，そこには巨大なトカゲやカニクイザルもみることがあるところだった．同行した小見山章博士（森林生態学）は，当時ほとんど明らかにされていなかったマングローブ林地下部の生物量を推定するというテーマで現地に臨んでいた．樹高が40 m近くになり，幹幅が一抱えを超える巨大なマングローブ植物の根の重量を測るという途方もない仕事である．林内に幅0.2 m，長さ15.5 m，深さ1 mのトレンチを層別に掘り返して根の量を測る仕事であったが，私は根とともに採集される動物を調べることにした（Wada *et al.*, 1987）．当時マングローブ林内でベントスがどのような深度分布をしているかを定量的に調べた研究は皆無であったからである．底土を掘り返すといってもマングローブの根が占めているため，のこぎりを使って一定量の土ブロックを切り出す作業である．掘り返すとマングローブの根とともに動物が全部で16種（カニ類5種）採集されたが，そのうちの15種が深度20 cmまでの層から記録された．この多くの動物がみつかった20 cmまでの層には，径40 cmを超える大型の根が占めており，それより深い層にはこのような大型の根はなく，中小型の根が占めていた．動物の多くはこの大型の根に依存して生息しているようであり，実際にカニ類の巣穴が大型の根に沿って掘られているのがよく観察された．なお最深部の1 m下まで分布していたのは，甲殻類のスナモグリ科の1種 *Callianasa ranongensis* とマングローブテッポウエビ *Alpheus euphrosyne* で，カニ類（口絵21）はせいぜい50 cm

図6.1　フロリダのマングローブ林でシオマネキ類の生息がマングローブ稚樹の生長に与える影響を調べた野外実験の様子

下までからしか得られなかった．

これらマングローブ林内の土壌中にすみこむ動物は，土壌の性状やマングローブ植物の生育に影響を与えていることが考えられる．そのことは，カニ類などをマングローブ林内から除去してマングローブの生育状況をみるという野外実験から検証することができる．オーストラリアのマングローブ湿地でそのような野外実験が行われ，カニが除去されると土壌中の硫化物とアンモニウムが増え，マングローブ植物の生長量が下がることが明らかになっている（Smith *et al.*, 1991）．同様の野外実験を，私はアメリカのフロリダで Hines 博士（Smithsonian Environmental Research Centre）と共同で行った（図6.1）．マングローブ植物であるゲルミナヒルギダマシ 1 個体ごとに，周辺一帯からシオマネキ類を除去する区と，全く除去しない区を設定し，2 年間にわたって対象木の生育を追跡したのである．まず 3 か月後の新葉の生産は，シオマネキ除去区で，非除去区に比べて小さくなった（図6.2）．さらに 2 年後には枯死する個体が出てきたが，その割合はシオマネキ除去区（6/8）のほうが非除去区（0/8）よりも高かった．この結果は，Smith *et al.* (1991) と同じように，穴を掘って生活しているカニ類の存在が，マングローブ植物の生育にプラスの効果をもって

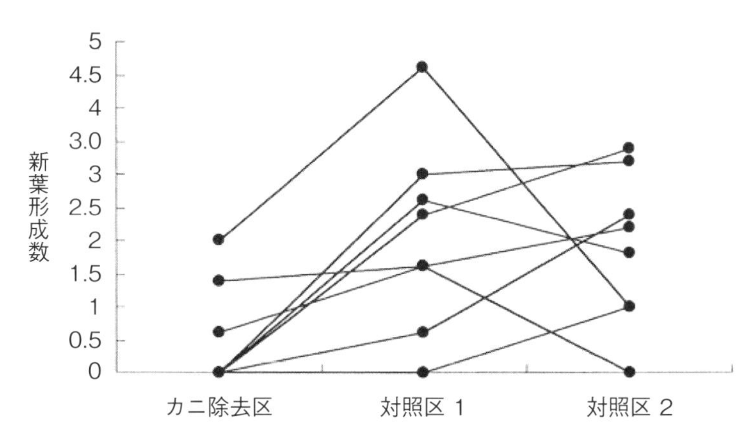

図6.2 シオマネキ類の生息がマングローブ稚樹の生長に与える影響をみた野外実験の結果．シオマネキ類除去区では，非除去区（対照区1・対照区2）に比べて新葉形成数が低くなっている．対照区はシオマネキ類の除去は施されないが，除去区と同じように四方がネットで仕切られたもの（対照区1）と，四方にネットの仕切りがないもの（対照区2）を設けた

いることを示している．

私の熱帯アジアでのマングローブ湿地研究は，南タイの後，東インドネシアのマングローブ林研究に引き継がれる．この海外調査は，マングローブ林の根量推定を行う荻野和彦博士らの森林生態学のグループとマングローブ林内の藻類相を調べる千原光男博士らのグループに加え，動物担当の私が入った構成になっていた．現場は，樹高30 m近くの高大なマングローブ林が拡がるハルマヘラ島のカオというところである．近くには太平洋戦争の遺物である戦艦や戦車が残っていた．ここで私が行った研究は，マングローブ植物の地上根とカニ類の摂餌行動との関係に関するものであった（Wada and Wowor, 1989）．マングローブ植物マヤプシキの地上根は，泥上に針山状に突き出している（図6.3）．その地上根にカニが登って摂餌する（口絵22）という現象に注目したのである．地上根に登って摂餌するのは，すべてスナガニ上科の種で，シオマネキ類3種とオサガニ類3種であった．このうち最も頻度が高かったのは，ナカグスクオサガニ *Macrophthalmus quadratus* で，地上活動個体の約1/3が地上根の上で餌をとる行動をしていた．さらに地上根に登る高さも平均が4 cmと最も高く，地上根上での活動時間も平均1.7分と最も長かった．この種の巣穴は，その半分近くが地上根に連接しており，地上根と密接につながっている．地上根の上で摂餌しているナカグスクオサガニを採集して，その胃内容物をみてみたところ，

図6.3　東インドネシア・ハルマヘラ島のマングローブ湿地におけるマヤプシキの地上根

地上根に付いている紅藻類（*Caloglossa, Bostrychia*）のほかに地上根の樹皮片もかなり検出された（図6.4）．しかし地上根上で摂餌している他のスナガニ類の胃からは藻類はみつかるが，樹皮片はほとんどみつからなかった．ナカグスクオサガニは，藻類だけでなく樹皮片も餌にしているのが特徴的であった．1回の干出時間内でどれくらいの地上根が，これらのスナガニ類によって利用されているのだろう．スナガニ類各種ごとに，現場での地上根の何割が利用されているかを推定したところ，ナカグスクオサガニはほぼ100%の利用率となり，他の種でも15～18%の利用率となることがわかった．つまり1回の干出時間でほぼすべての地上根が，これらのカニ類の餌場になっているのである．マングローブの地上根は，酸素が不足しがちな根部に空気中の酸素を取り入れる役割

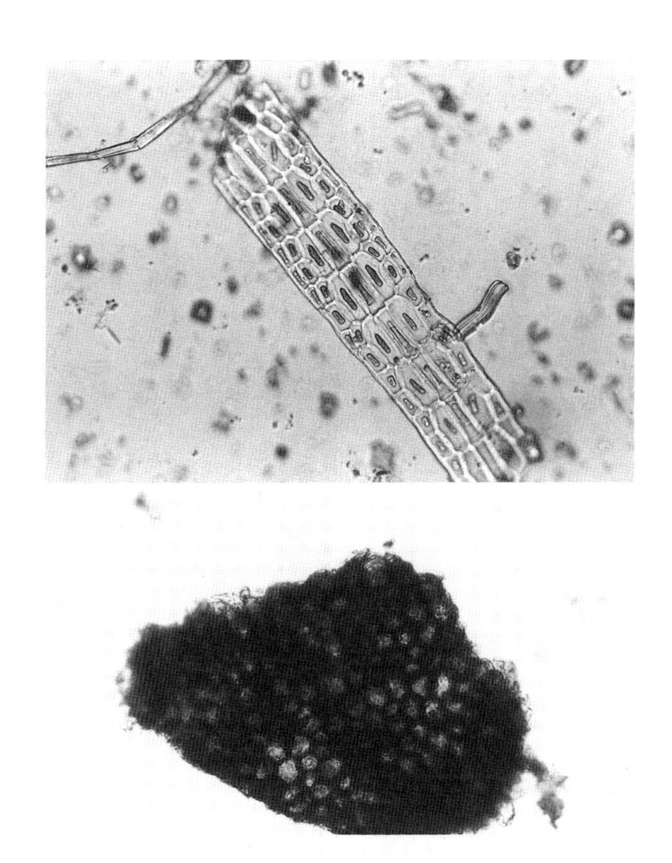

図6.4　マヤプシキ地上根上で摂餌活動をしていたナカグスクオサガニの胃内容物の例．大型藻類（上図）と地上根の樹皮片（下図）が多くみられた

とともに，光合成も行っているとされる．従って地上根上に付いている藻類や泥，そして樹皮そのものも，空気を取り入れるのには邪魔になるものであり，また光合成をする際に光を取り込む上でも障壁になりうるものであろう．それらを取り除いてくれるこれらスナガニ類の摂餌行動は，マングローブ植物にとっては有益なものになっているとみられる．なお，ナカグスクオサガニは朽木からみつかることもあるが，このことは，本種が植物の枯死体を摂餌している可能性を示唆するもので，もしそうなら地上根の樹皮を食するのも理解できるところである．ほかにオサガニ属でマングローブの朽木からみつかる種としては，*Macrophthalmus erato* がある．興味深いことに，この2種は，系統樹上姉妹群を形成する近縁種である（Kitaura *et al.*, 2006）．

6-2　シオマネキとベニシオマネキの遺伝的集団構造

シオマネキは，温帯域では塩性湿地周辺の泥干潟を生息場所としているが，亜熱帯域では，マングローブ湿地に生息する．元々日本では，シオマネキは本州南西部・四国・九州に分布し，琉球列島には亜熱帯性のシオマネキ類が分布していても，シオマネキはいないとされていた．しかし，1975年，当時大学院生であった私が初めて沖縄を調査して回った折に本種を沖縄島の佐敷で採集し，本種が沖縄島に分布することが報告された（細谷ほか，1993）．その後佐敷を含む中城湾内で新たに3か所，シオマネキの生息が確認された（青木ほか，2009）．それでも琉球列島におけるシオマネキの生息地は，この沖縄島の中城湾だけであり，台湾西岸や九州といった他の分布地から遠く隔てられた孤立的集団となっているものである．沖縄島のシオマネキが孤立的集団であることは，その遺伝的特徴からも裏付けされている．遺伝的多様性が際立って低く，かつ台湾や日本本土の集団との遺伝的な違いが顕著なのである（Aoki *et al.*, 2008；青木ほか，2009）．

沖縄島のシオマネキ（口絵23）の生態を本土（徳島県吉野川河口）のシオマネキのそれと比較する研究をしたのが，青木美鈴博士である（Aoki *et al.*, 2010）．生活史の概要を知るには，集団の体サイズ組成の経月変化を捉える必要があるが，本種を多数採集するのは困難なため，一定区域内（吉野川：6.9 ha，沖縄島：0.17 ha）での地上活動個体の性と甲幅を目視により記録する方法で行った．1年を通した調査から，最大サイズは徳島（甲幅約36 mm）のほうが沖縄島（甲幅約32 mm）よりも大きいこと，定着直後の稚ガニはどちらの地域も秋から冬にかけて出現することがわかった．抱卵雌の最小サイズとつがい形成個体の最小サイズも，ともに沖縄島のほうが徳島よりも小さく，そのサイズに成長するのは，徳島のものでは2歳，沖縄島のものでは1歳となることが推定された．すなわち本土よりも沖縄のほうが，体サイズが小型化しており，かつ繁殖開始齢も早くなっているという違いがみられた．ちなみに熊本県のシオマネキも，徳島に似て2歳で繁殖に参加することがわかっている（Otani *et al.*, 1997）．

さらに配偶行動がみられる時期と配偶行動の様式においても2つの地域の間で違いがあることがわかった．まずwavingは徳島では6月から8月までみられ，7月にその頻度が最大であったのに対し，沖縄島では10～11月以外のすべての月でwavingがみられ，頻度が最大になるのは冬季であった（図6.5）．雄の

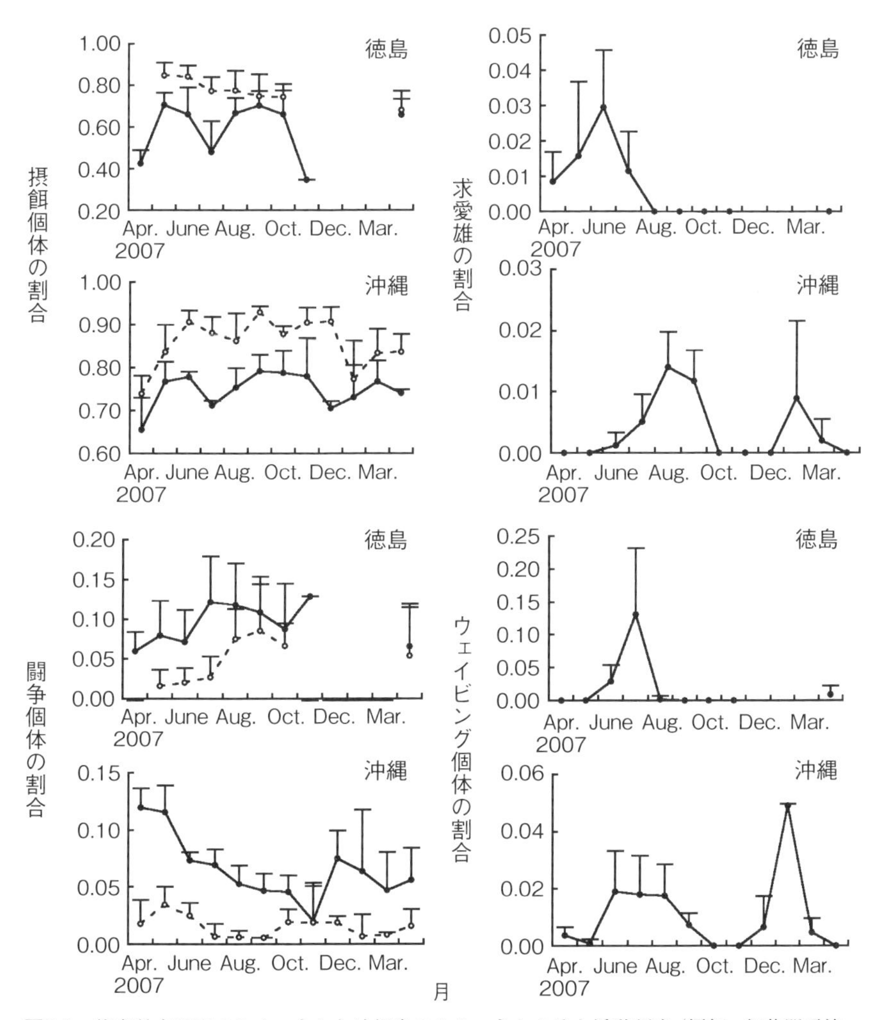

図6.5　徳島県吉野川のシオマネキと沖縄島のシオマネキの地上活動頻度（摂餌・個体間干渉・求愛・waving）の経月変化．冬季は，徳島では地上活動が見られないのでデータは示されていない

雌に対する求愛行動も，徳島では4月から7月までみられ，6月がそのピークになるのに対し，沖縄島では，みられる時期が2つに分かれており，ひとつは6月から9月までの期間で，もうひとつは12月から3月までの期間であった（図6.5）．配偶行動様式は，徳島では地上で交尾する表面様式と巣穴内で交尾する巣穴内様式の2つがみられたのに対し，沖縄島では，表面様式しかみられな

かった．遺伝的に本土とは大きく異なる沖縄の集団は，その生態的特性においても本土のものとは異なる独自の特徴をもっているのである．沖縄島の集団で表面様式のつがい形成しかみられず，巣穴内様式がみられない理由として，生息場所の環境の違いが関係している点が挙げられる．沖縄島のシオマネキ生息地はマングローブ林内の遮蔽されたところにあるのに対し，徳島のシオマネキ生息地は，ヨシ原周辺の比較的開けたところにある．シオマネキの雄が雌を自分の巣穴に誘導する方法は，ハクセンシオマネキやチゴガニのように雌を自分の巣穴に引き寄せるようにして誘導するのとは違い，雌を追い立てるようにして巣穴に誘導するというものである（Wada *et al.*, 2011）．この雌を追い立てる場合は，相当な範囲の空間を動き回ることになり，マングローブ植物の樹幹や支持根がこの動きを妨げる障害物になりやすい．一方地上で交尾するほうの様式では，雌を長距離誘導する必要はないので，障害物があるところでもそれほど困難を伴わないだろう．

個体間の闘争行動でも沖縄島と徳島の間に違いがみられている．雌雄ともに闘争の頻度が，沖縄島よりも徳島のほうが高いのである（図6.5）．これは両地域間での密度の違いによるものだと思われる．シオマネキの生息密度は，徳島の吉野川河口では平方メートル当たり平均9個体とされている（井口ほか，1997）のに対し，沖縄島ではそれが5個体とされており（青木ほか，2009），密度の高い地域のほうが，個体間の干渉頻度も高くなるので闘争行動の頻度も高くなったと考えられる．

琉球列島のマングローブ林内で，きれいな赤い色のシオマネキ類をみつけたら，それはベニシオマネキ *Paraleptuca crassipes* である．本種は，大陸寄りの縁海域のみならず縁海から相当離れた大洋島にまで広く分布する数少ないシオマネキ類で，日本でも小笠原諸島に分布する唯一のシオマネキ類である．近年小笠原の集団は琉球列島の集団とは別種のオガサワラベニシオマネキ *Paraleptuca boninensis* とされた（Shih *et al.*, 2013）が，そのきっかけをつくったのは，Aoki and Wada (2013) によるベニシオマネキの遺伝的集団構造の研究である．

この研究では，当時ベニシオマネキ *Uca crassipes* とされていた種の分布域から，最も東限近くにあるポリネシアと最も大陸寄りの地域としてベトナムを取り上げ，それに日本の琉球列島と小笠原諸島を加えて，集団間の遺伝的類縁関係を求めたのである．その結果は，ベトナムの集団が大きく遺伝的に異なり，続いて小笠原の集団が，琉球列島や東限近くのポリネシアの集団から分化して

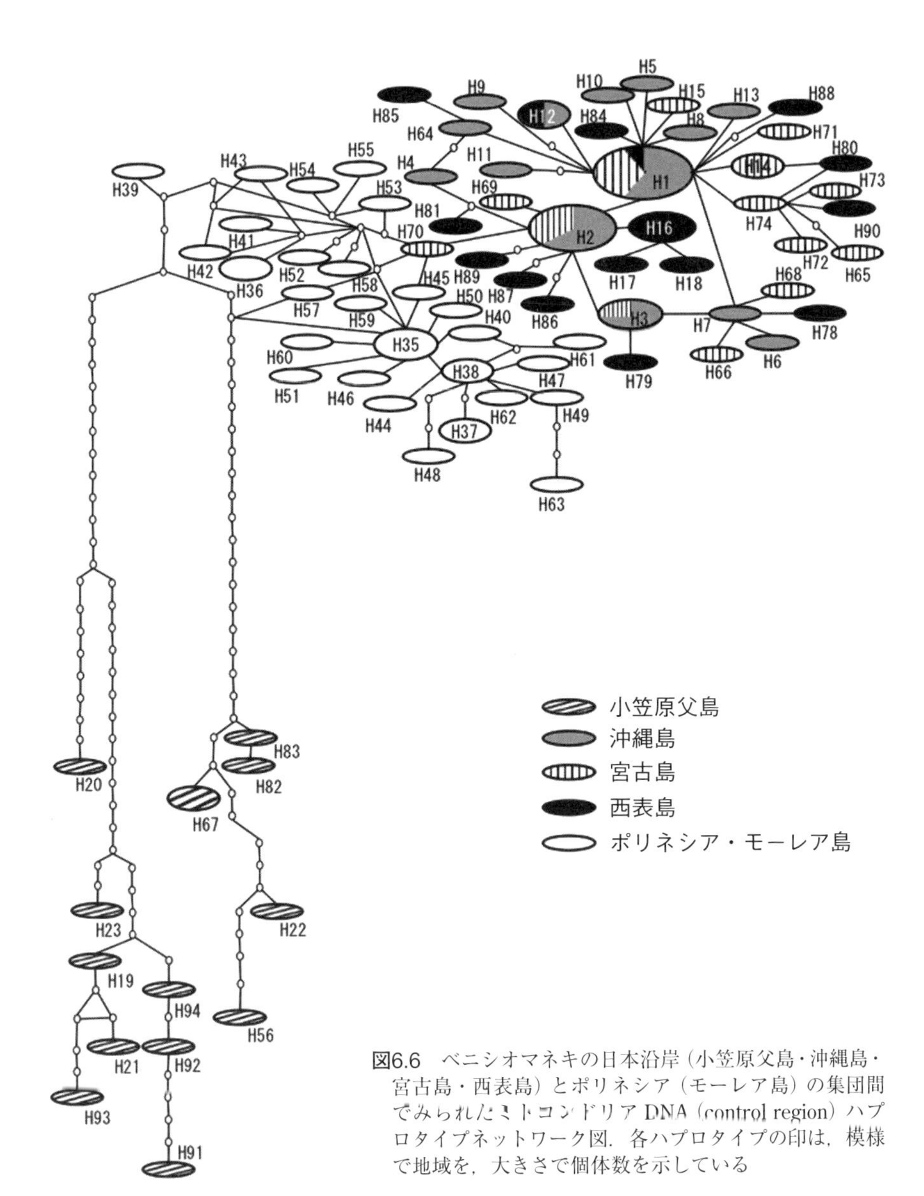

図6.6　ベニシオマネキの日本沿岸（小笠原父島・沖縄島・宮古島・西表島）とポリネシア（モーレア島）の集団間でみられたミトコンドリアDNA（control region）ハプロタイプネットワーク図．各ハプロタイプの印は，模様で地域を，大きさで個体数を示している

いることが示された（図6.6）．距離的には最も離れた位置にある琉球列島とポリネシアが，小笠原諸島やベトナムよりも遺伝的に近いという興味深い結果が得られた．このことは，琉球列島の集団は，小笠原諸島やベトナムの集団よりもポリネシアのほうと遺伝的交流が強かったことを示している．これは黒潮の

流軸方向から納得できるものである．この研究では，ベトナムの集団も小笠原の集団も種内変異とみなしていたが，Shih *et al.* (2012) と Shih *et al.* (2013) は，形態的特徴も含めて検討し，ベトナムのものを既知種の *Paraleptuca splendida*（口絵24）に，小笠原諸島のものを新種にしたのである．ただ Aoki and Wada (2013) のデータからは，ベトナムの集団に似たハプロタイプをもつ個体が西表島から得られている．これは西表島にベニシオマネキ *Paraleptuca crassipes* に加えて，*Paraleptuca splendida* も分布している可能性を示している．

6-3　マングローブ湿地固有の奇妙なカニ

東南アジアのマングローブ湿地からは，形態的または行動的にユニークな特徴をもった種がみつかっている．ひとつは南タイのマングローブ湿地での調査の中でみつけたコメツキガニ科の *Dotillopsis brevitarsis* の奇妙な摂餌行動である（Wada, 1985）．このカニは，他のスナガニ類と同じように干潟表面の泥をはさみですくってそれを口に運ぶという摂餌行動をするが，ときに干潟表面の泥をはさみですくって大きな塊にしてそれを一旦巣穴まで運んで（clodding）（図6.7）から少しずつ口に運んで食すという行動を示す．つまり干潟表面の泥を取ったその場でそれを食するのではなく，一旦集めて，それを巣穴近くでまとめて食するのである．外敵から身を守れる巣穴が近くにあるほうが，巣穴から離れたところにいるよりも安全だから，このような食べ方をするものとみられる．実際 clodding で泥をすくう場所は，通常の食べ方をする場所よりも巣穴から離れた位置にある（図6.8）．なお clodding では，巣穴近くに運ばれた泥の塊を食す場合と，巣穴の中に泥の塊を入れて，巣穴の中で食す場合がある．Clodding に似た行動は，他のスナガニ類でも稀にみられることがある．チゴガニで，私は，はさみでつまんだ泥を巣穴入口近くに運んでから，それを食するのを観察したことがある．ヒメシオマネキやスナガニ属の種で，泥ではないが，餌となる海藻や動物の死骸を巣穴に運び込む例が報告されている（Jones, 1972；Evans *et al.*, 1976；Nakasone, 1982；Salmon, 1984）．*Dotillopsis brevitarsis* は，waving でもユニークだ．はさみ脚と一緒にほとんどの歩脚を地面から離して上に上げ，上げたまましばらく静止するというもの（図6.9）で，これに近い waving はチゴガニ属の *Ilyoplax dentimerosa* でみられるが，*Dotillopsis brevitarsis* ほどダイナミックではない．一見すると，まるで二足歩行で立ち上

図6.7　*Dotillopsis brevitarsis* の特異な摂餌行動（clodding）．干潟表層の泥を口前部に掻き集め（A），それを巣穴まで持ち運ぶ（B）

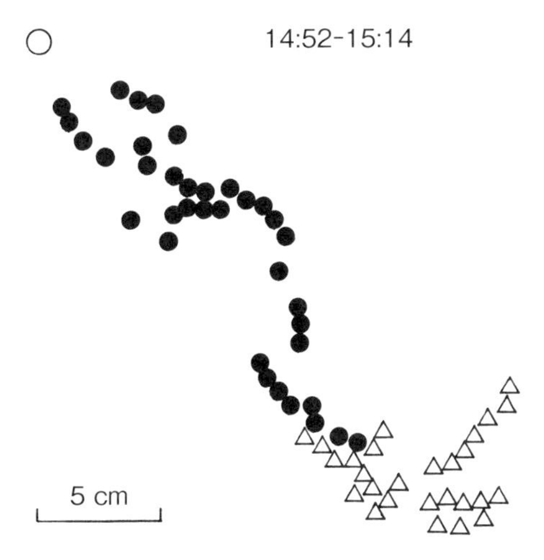

図6.8　*Dotillopsis brevitarsis* が clodding により泥をすくった地点（三角印）と，通常の摂餌行動により泥をすくった地点（黒丸印）．白丸は個体の所有していた巣穴を示す

図6.9　*Dotillopsis brevitarsis* の waving．背面図（左図）と腹面図（右図）を示した

がっているような錯覚を覚えるのだ．

雄の片方のはさみ脚が巨大化するのはシオマネキ類の種の特徴で，他のカニ類では，巨大化したはさみ脚は極めて稀な特徴である．スナガニ類の中で雄のはさみ脚が巨大化する種は，シオマネキ類以外では，わずかにコメツキガニ科から3種が知られているに過ぎない．それらはいずれも東南アジアのマングローブ湿地から記録された稀少種である．ベトナム中部のホイアンを流れる河川の汽水域の干潟から，この3種のうちのひとつ *Pseudogelasimus loii* の雄1個体（口絵25）を採集する機会に恵まれたのは，ベトナム各地のマングローブ湿地のカニ類相調査を実施していたときであった．本種の甲の形状は，シオマネキ類のように横に長くはなく，むしろコメツキガニやチゴガニのように縦に長い傾向を示しているが，はさみ脚は際立って大きい．そこで採集された1個体からDNAを抽出し，その遺伝的特徴を，シオマネキ類を含む他のスナガニ類の種と比較することを試みた（Nagahashi *et al.*, 2007）．比較した種は，シオマネキ類を含むスナガニ科3種，コメツキガニ科2種，オサガニ科2種，ムツハアリアケガニ科2種である．その結果，本種は，シオマネキ類よりも，コメツキガニ科の種に系統的には近く，コメツキガニ科の中では，コメツキガニよりもチゴガニのほうに近いことがわかった（図6.10）．シオマネキ類に特徴的な形質である巨大化したはさみ脚をもっていても，甲の形状が似ているコメツキガニ科の種に属することの確証が得られたのである．

Pseudogelasimus loii の記録は，これまでベトナム中・南部のニャチャンからしか知られておらず（Serène, 1981），今回の1個体の採集は本種の2例目の記録となった．1個体が採れたということは，どこかに本種の個体群が存在するはずであり，私は，なんとかその集団をみつけたいと考えていた．そしてできれば彼らがどのような行動をしているのか，特に巨大はさみ脚を，シオマネキ類と同じように振り回して waving しているかをみてみたかった．その望みは，本種を採集して4年後にかなうこととなった．同じホイアンの町中の河川を探索してみて，なんと町中に最も近いところにある干潟で，本種が多数分布しており，かつ雄は活発に waving をしているのをみることができた．雄は巨大はさみ脚を軽々と，シオマネキ類と同じように振り回していた．ちょうどハクセンシオマネキと同じように側方から上に回してから振り下ろすという様式が基本であったが，そのテンポは結構速く，むしろチゴガニが片方のはさみ脚を振り回している感じがした．さらに興味深いことに，回転式だけでなく，単に垂

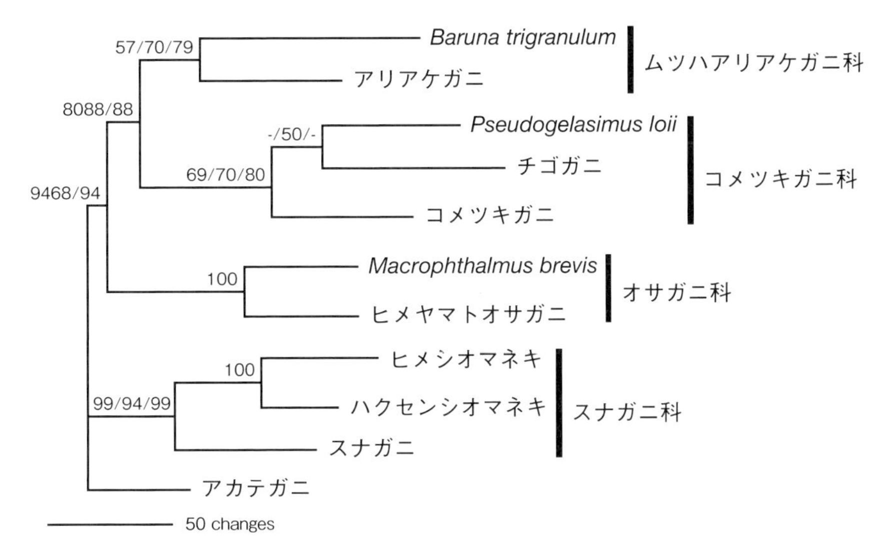

図6.10 スナガニ上科のムツハアリアケガニ科・コメツキガニ科・オサガニ科・スナガニ科の分子系統図（ミトコンドリア16S rRNA）上の *Pseudogelasimus loii*. 分岐部上の数字は，ブートストラップ値（MP 法，NJ 法，ML 法の順）を示す

直に上下するという waving をしている個体もいたのである．残念ながら，現地からの報告によると本種の生息場所はことごとく畑地に変えられてしまったようだ．世界でもこのベトナム中部の汽水域にしかいない奇妙な形質をもつ本種が，なんの配慮もないまま人間の力で絶滅させられる恐れが出てきたのが残念でならない．

奇妙なカニの例として，日本の奄美大島のマングローブ湿地から記録されたオサガニ科のヨミノオサガニ *Euplax leptophthalmus* を紹介する．不思議なのはその記録地である．本種はこれまでインドの汽水湖からのみ記録されていたもので，それが日本の奄美大島のマングローブ湿地内のクリークから15個体も岸野 底博士らにより採集された（Kishino *et al.*, 2011）のである．本種の形状は多くのオサガニ科の種とは違って，甲が縦に長くなり，甲の後方部で幅が広く，甲の縁部の切れ込みが３つもある（図6.11）．また眼は比較的短くて体色は白っぽく，和名通り，黄泉の国の幽霊に譬えられる特徴を成している．なぜその分布がインドから一挙に日本に飛んでいるのかが不思議である．潮下帯の泥の中にいるため，なかなか採集されにくい種であるためかもしれない．ちなみに本種に非常によく似た近縁種 *Euplax dagohoyi* がフィリピンの浅海底より記録され

図6.11 インドと日本の奄美大島からしか記録のない稀少種ヨミノオサガニ（岸野　底撮影）．背面図（A）と腹面図（B）を示した

ている（Mendoza and Ng, 2007）．

マングローブ湿地には，ほかではなかなかみることができない樹上性のカニをみることができる．地上根上で摂餌行動を示すスナガニ類（上述）もその一例ではあるが，マングローブの樹幹を登ってマングローブの葉や葉芽を食べるカニである．アメリカ大陸のマングローブ湿地でみられる樹上性のカニは *Aratus pisonii* というベンケイガニ科の種であるが，日本の琉球列島では，クイラハシリイワガニ *Metopograpsus latifrons*（口絵26）やキノボリベンケイガニ *Parasesarma leptosoma* が知られる．キノボリベンケイガニについては，東アフリカでのイタリアの研究者たちによる詳細な研究が知られているが，とりわけ興味深いのは，本種の顕著な帰巣性である．本種は朝夕２回，マングローブ植物の樹冠部まで登ってそこで摂餌行動をとり，それ以外の時間はマングローブ植物の地上根の隙間をすみかとしていて，餌を樹冠部で摂るときは，必ずすみかになっている木の樹幹をたどって餌場にたどり着く（Vannini and Ruwa, 1994）．このカニを，すみかになっている木から別の木に移してみたところ，7 m も離れたところに移された個体でも数日以内に元のすみかの木に戻ったのである（Cannici *et al.*, 1996）．ただ16 m 離れたところに移された個体は，元のすみかに戻ることはなかった．いずれにしても驚くべき帰巣能力といえる．

第7章

砂浜海岸のカニ：スナガニ属

7-1　スナガニの生態

砂浜海岸の高潮部付近から潮上帯にかけて大型の巣穴を掘っているカニは，スナガニ属（*Ocypode*）の種で，干潟にいるカニとは違って夜行性のため，英語では幽霊ガニ ghost crab と呼ばれている．日本の北海道から本州，四国，九州までの沿岸の砂浜に広く分布しているのは，スナガニ（口絵27）という種で，南方の琉球列島に入るとこの種は分布せず，ツノメガニ *Ocypode ceratophthalma*（口絵28）やミナミスナガニ *Ocypode cordimanus*，ナンヨウスナガニ *Ocypode sinensis*（口絵29）といった南方系の種が分布する．スナガニは，国外では，朝鮮半島から中国北・中部まで分布するが，琉球列島より緯度が低い台湾にも分布する．台湾のスナガニは，場所によっては派手な赤色になって集団で放浪する（口絵30）という現象がみられるが，日本でそのような現象は知られていない．日本のスナガニの生態について最も詳しく研究されているのは，山形県酒田市の酒田中央高等学校の生徒らによるもの（酒田市立酒田中央高等学校第一理科部，1968）である．それには冬場の非活動期を含め，年間を通した分布や活動内容が克明に記録されている．ただしその中でもダンスと称して取り上げられていたwavingと発音行動を，私は和歌山市の和歌川河口近くの砂浜でみることができた．そこは砂州の突端付近で，あまり人が寄り付かないところで，そのためか，昼間でもスナガニが活発に地上で活動しているのをみることができる．ちょうど6月の繁殖期と思える頃に，たくさんのスナガニがはさみ脚をサッと上げては下におろすwavingをしながら，その合間にははさみ脚を地面にたたきつけて音を出していた．このwavingと発音行動は，後日今福道夫博士らにより詳しく記載報告されている（Imafuku *et al.*, 2001）．日中の行動には，もちろん摂餌行動もみられた．干潟のスナガニ類と同じように，砂浜表面の砂を口に運び，砂団子を口から落としていたが，ときには，砂浜に打ち上がっている魚の死体を巣穴に運び込んだりもしているのがみられた．肉食，腐肉食の傾向が強いのは，酒田中央高等学校の報告に，二枚貝，甲殻類，昆虫や，鳥・哺乳類の死骸を餌にしていると記されていることにも表れている．スナガニの胃内容物を調べた真野ほか（2008）も，ヨコエビ類等の海産ベントスに加え，アリ類等昆虫類や陸上植物片を確認している．和歌山市の和歌川河口で昼間スナガニの活動するところを観察できたが，他の砂浜では昼間彼らの活動をみることは困難である．後日わかったが，彼らの活動は人の影響に依存しているようで，和歌川河口以外の砂浜でも人があまり寄り付かないところで，同じようにスナガニの昼間の活動をみる機会があったのだ．昼間の活動をたくさん観察している酒田中央高等学校が調べた山形庄内海岸もおそらく人の影響があまりない砂浜海岸であったものと思われる．

7-2　南方系種の分布北進

和歌山市の和歌川河口でスナガニの行動が観察できた1973～1976年の頃は，この和歌川河口だけでなく，和歌山県南部の白浜の海岸でもスナガニを多数観察することができたのだが，2000年頃からこれらの地域でもスナガニがあまりみられず，むしろ南方系のツノメガニの幼体・亜成体がみられるようになった．ツノメガニの幼体・亜成体は，成体とは違って眼に突起が発達しておらず，そのためスナガニと間違われやすい．1976年当時は，相模湾でもツノメガニの幼体が記録されていた（渡部，1976）が，本州の砂浜海岸で造穴しているカニの主体はスナガニに変わりはなかった．2000年頃には大阪湾内でもツノメガニの出現が知られるようになり（渡部・伊藤，2001），それは温暖化による南方系の生物種の分布北進現象を示しているものと思われた．そこで淀ほか（2006）は，和歌山市の和歌川河口に位置する名草浜において，砂浜上の巣穴を掘り返してその種組成を，2000年から2003年までの３年間追跡した．調査は３～６人で砂浜全域をみて回り，巣穴があればそれを深度50 cmまで掘り返すという相当過酷な作業である．その結果，同地から調査期間中スナガニ，ツノメガニ，ナンヨウスナガニの３種が記録されたが，３年間とも，５～７月に結構みられたスナガニが８月以降ほとんど姿を見せず，逆にツノメガニやナンヨウスナガニが８月以降主流を成すという特徴が認められた（図7.1）．しかもスナガニは，その

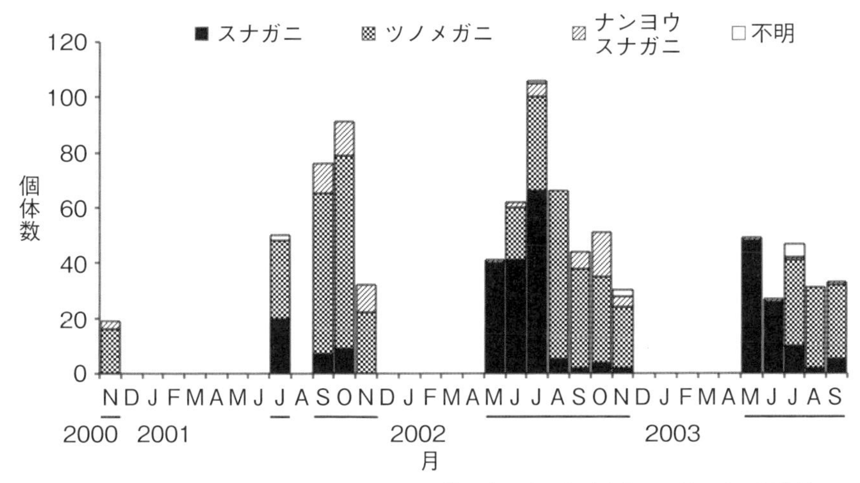

図7.1 和歌山市名草の浜におけるスナガニ属3種の出現数の経月変化．8月以降，温帯性のスナガニが姿を消し，熱帯性のツノメガニとナンヨウスナガニが優占する

大半が成体で，小型の新規加入個体がほとんどみられないのに対し，ツノメガニやナンヨウスナガニはその年に定着したとみられる幼ガニが6月以降に結構みられた．これら南方系の種は，成長して8月以降はスナガニの成体とあまり変わらない体サイズになっていたのである．8月以降スナガニが姿を消したのは，これら南方系の種がいることで彼らの地上活動が制限されたか，あるいは直接捕食されたためではないかと思われる．スナガニの新規加入個体がみられていないのも，おそらくスナガニの新規加入個体がツノメガニなどによって捕食されている可能性がある．実際ツノメガニは肉食性傾向が強く，小さなスナガニ属のカニを捕食することが知られている（Takahasi, 1935；Hughes, 1966；Fellow, 1966）．このままいけば2003年以降に，同地からスナガニは消失することが懸念されたが，実際2010年に同地で採集したところ，ツノメガニとナンヨウスナガニしか得ることができなかった（渡部はか，2012）．

和歌山県白浜町の海岸や和歌山市の和歌川河口の海岸で，明らかにスナガニが数を減らし，逆にツノメガニやナンヨウスナガニが増えてきたことが明らかになったが，それではもっと調査域を広げてみても，同様の傾向がみられるだろうか．そこで瀬戸内海の播磨灘の沿岸から大阪湾内，さらにはその南の和歌山県沿岸までの沿岸線から砂浜海岸を網羅的に22か所選び，各砂浜海岸に分布しているスナガニ属の種組成を，2002年と2010年に調べて，両年間でそれぞれの種の分布を比較した（渡部ほか，2012）．この海域でのスナガニ属の分布の特徴は，播磨灘沿岸から大阪湾内まではスナガニが主として分布し，和歌山県沿岸ではツノメガニとナンヨウスナガニが主に分布するというものであるが，2002年よりも2010年のほうが，南方系の種の分布が拡がり，逆に温帯性種のスナガニの分布が縮小ぎみにあることが示された（図7.2）．具体的には，播磨灘，大阪湾内でツノメガニやナンヨウスナガニの比率が上がり，逆にスナガニの比率が下がった地点がみられた．例えば淡路島の西岸，播磨灘側では，2002年にはスナガニしか記録されなかったのに，2010年にはツノメガニ・ナンヨウスナガニが記録された反面，東岸の大阪湾側では，2002年に結構みられたスナガニが，2010年には全くみられなくなった．和歌山県沿岸では，スナガニが記録される地点は，両年とも北部２～３地点と南東部の１地点で変わりはないが，北部の１地点，具体的には和歌山市の名草浜で，2002年にみられていたスナガニが2010年にはみられなくなり，また和歌山市の加太海岸でもスナガニが，2010年に比率を下げ，逆にツノメガニとナンヨウスナガニが2010年に比率を伸ばしていた．つまり南方系種の分布が北進していること，反対に温帯性種のスナガニが分布を縮小しつつあることが示されたのである．この現象は，海水温や気温の上昇によって南方系の種がすみつきやすくなった結果とみることができる．ただそれでも南方系の種は冬を越すのが困難なようで，少なくともツノメガニは，冬場に死滅し，毎年晩春から夏に南方より黒潮に運ばれて砂浜に定着する個体で構成されているようである．ただナンヨウスナガニでは，春にある程度大きくなった個体が採れることがあり，一部の個体は越冬して年を越しているものとみられる．私は，近畿地方だけでなく，さらにそれより北に位置する伊豆半島，房総半島も砂浜を調査して回ったが，その結果，伊豆半島沿岸，房総半島の東岸にも，ツノメガニ，ナンヨウスナガニが分布していることを確認した．ただしいずれも中・小型サイズのものであり，おそらく越冬しているものはほとんどなく，南方より毎年供給される幼生の定着により維持されている個体群とみられる．冬を越す個体がみつかるのは，ナンヨウスナガニは和歌山県であったが，ツノメガニでは和歌山より南の地域でとみられるが，実際に四国の高知県から，大型で生殖腺の発達したツノメガニが記録されている（真野ほか，2008）．

では日本海沿岸の砂浜海岸でのスナガニ属の分布はどうなっているのだろう．山形庄内海岸でのスナガニの生態報告（酒田市立酒田中央高等学校第一理科部，

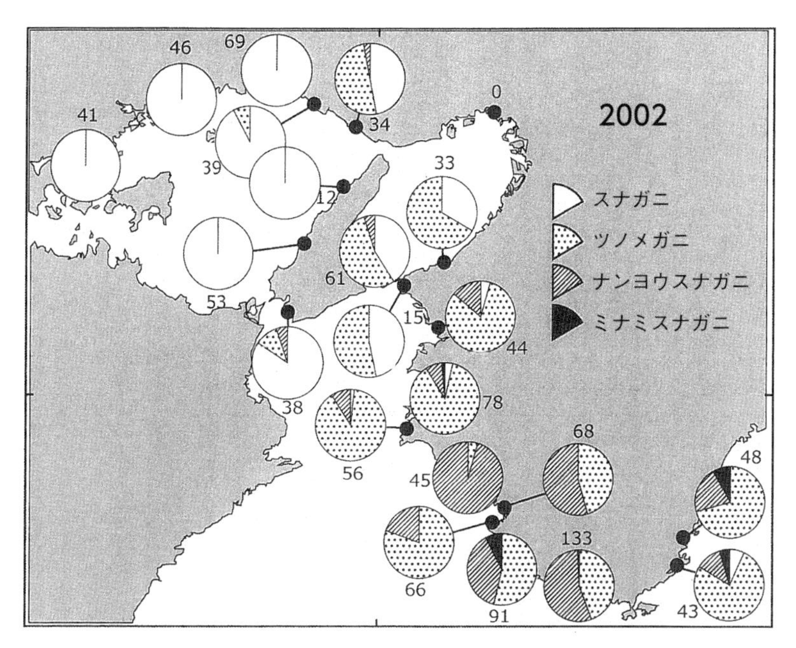

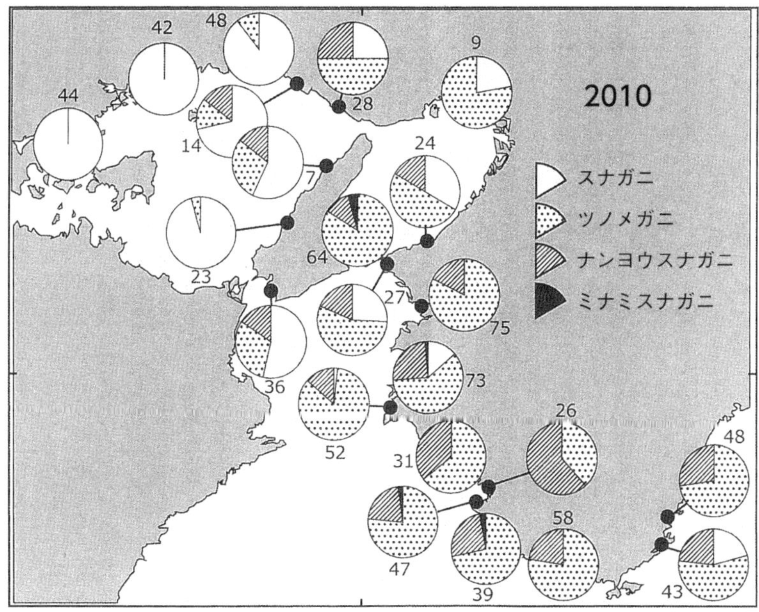

図7.2　2002年と2010年におけるスナガニ属4種の近畿地方沿岸の分布．円グラフは各地の種組成を示し，グラフ横の数字は調査個体数を示す

図7.3　堤防直下に植生を残す砂浜海岸．植生域にナンヨウスナガニやミナミスナガニが生息する

1968）によれば，そこはスナガニだけで占められていることに間違いはなさそうである．1960年代の報告からは，記録上はほとんどスナガニであるが，一部にミナミスナガニの記録をみることができる（上田，1963；鈴木・本尾，1969）．2000年代でも分布の主流はスナガニだが（高田・和田，2011；武田ほか，2011；宇野ほか，2012；和田ほか，2015），ナンヨウスナガニの幼体が兵庫県の日本海沿岸でみつかり（和田・和田，2015），新潟県の沿岸でもツノメガニの幼体がみつかっている（高田・和田，2011）．黒潮の支流となる対馬暖流に乗った幼生が，日本海沿岸地域に定着しているのである．なお1960年代にみつかっているミナミスナガニは，おそらくナンヨウスナガニであったものと思われる．当時は，ミナミスナガニからナンヨウスナガニが識別されて認識されていなかったからである．太平洋沿岸でも，ミナミスナガニは，ナンヨウスナガニに比べてみつかるのは稀である（渡部ほか，2012）．なお，ミナミスナガニもナンヨウスナガニもともに，スナガニやツノメガニよりもさらに地盤高の高いところを好んで生息しており，満潮時でも潮をかぶらない植生のあるゾーンでみつかる（図7.3）．そのためみつけにくいのと，採集しにくいことが，記録が少ない理由のひとつかもしれない．

7-3　啄木の詠ったカニ

石川啄木の『一握の砂』の巻頭歌に詠われた砂浜のカニは砂浜海岸にいるスナガニ属のカニだったのだろうか．歌は「東海の小島の磯の白砂に　われ泣きぬれて蟹とたはむる」とある．白い砂がある磯なら，まさに砂浜海岸であり，そこにいるカニと言えばスナガニ属のカニしかない．ただ上述しているように，このカニは基本的に夜行性であり，また昼間活動していたとしても極めて俊敏な動きをするものであり，悲しみに浸っている人間が戯れられる類の動物とは程遠い．もしスナガニ属のカニであったとしても，おそらくは，外敵の鳥などに襲われかけて，弱っているスナガニ属のカニをみつけて，それと戯れたのかもしれない．弱ったカニを，悲嘆にくれる自分に見立てたとの見方はありえそうである．あるいは弱ったカニなら，海から打ち上げられたカニもありえる．例えばキンセンガニ *Matuta victor* というカニは，砂浜海岸下方の海底にすんでおり，弱った個体が砂浜上に打ち上がっていることがよくある．あるいは砂浜上に打ち上がった物に付いているカニもある．オキナガレガニ *Planes major* というカニは，海面を漂流する海藻類いわゆる流れ藻に付いて生活するカニである．砂浜上に打ち上がった海藻には，このオキナガレガニが付いていることがあり，啄木は，このカニと戯れていたとの解釈も成り立つ．波に任せて漂流生活しているカニを，自分に見立てるという見方もありえそうである．もちろんこのカニは，元気な個体でも，スナガニ類ほど機敏に動くことはない．

さらに穿った見方をすれば，ここに詠われたカニは，ヤドカリであったという解釈もある．なぜならヤドカリは，カニのように俊敏でなく，むしろ貝殻を背負って重そうな歩み方をするからである．驚かすと貝殻に体を引っ込めて，しばらくじっとしてから体を出して，ゆっくりと動くというところは，ヒトが砂浜上で戯れるには格好の動物だろう．ただし砂浜上でヤドカリ類を普通に観察できるのは沖縄諸島以南の地域しかない．オカヤドカリ類が，沖縄諸島の砂浜海岸で砂上を這っているのをみることができる．しかし啄木が戯れた海岸は東海とあるので，沖縄ではなさそうで，その点からやはりヤドカリ説はないだろう．結局，私が最もありそうだと思える啄木のカニは，弱ったスナガニ類か砂浜上に打ち上げられて弱っているカニということになろうか．なお最近，北海道大学名誉教授の五嶋聖治博士は，啄木の詠ったカニは，函館周辺の砂浜のスナガニであろうと考察している（五嶋，in press）．

第8章

転石海岸のカニ

8-1　海外に侵出するカニ：イソガニ

近年海外から日本に入って定着する外来生物種が，多くの動物群で知られるようになった．カニ類でもイッカククモガニ，チチュウカイミドリガニ，シナモクズガニ *Eriocheir sinensis* などがよく知られた外来種である．

一方日本から海外に侵入している海洋生物も数多く，カニ類では転石海岸に生息するイソガニ（口絵31）が有名だ．イソガニは1988年にニュージャージーで初めて確認され（Williams and McDermott, 1990），その後1990年代にアメリカ東岸の転石海岸に分布を拡げ，その生息密度は原産地の日本より6倍も高いレベルにまで達している（Lohrer *et al.*, 2000a）．そのためアメリカでは，在来種に影響を与える外来生物として，本種が盛んに研究されることになった．1998年，当時コネチカット大学の大学院生であったLohrer氏が，イソガニの侵入先と在来地の間で，資源利用様式に違いがないかを明らかにする研究を進めており，在来地の資源利用のデータを和歌山県田辺湾で取りに来ていた．

日本におけるイソガニの生態的特性は，福井・和田（1983），Fukui (1988)，奥井・和田（1999）に扱われている．生活史に関しては，繁殖期が3～10月で春と秋にピークがあること，繁殖開始齢は2歳，年間の抱卵回数は5～6回ということなどが明らかにされている（Fukui, 1988）．分布に関しては，内湾の転石潮間帯に広く分布し，特に径25 cm以上の大型転石のあるところに多く，餌生物は藻類から様々な動物群まで幅広いことがわかっている（奥井・和田，1999）．

Lohrer *et al.* (2000a) は，日本の田辺湾の集団と侵入先のコネチカット州ロングアイランド湾沿岸の集団との間で，生息場所利用と餌メニューを比較するとともに，それぞれの地域でイソガニと共存している他のカニ類との利用資源

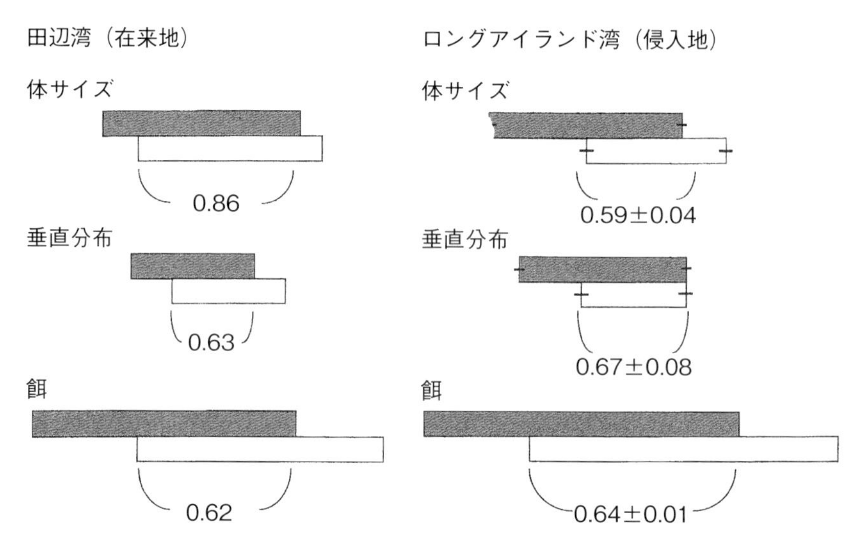

図8.1　イソガニの在来地（田辺湾）と侵入地（アメリカ東岸）におけるイソガニと共存する他のカニ類との間のニッチ（体サイズ・垂直分布・餌内容）重複度

の重複度を検討した．扱った生息場所利用は垂直分布であり，餌メニューは胃内容物の組成である．垂直分布様式は田辺湾とロングアイランド湾の間で大きな違いは見出せなかったが，侵入先の一部地域で，潮間帯下部で密度が最大となるという田辺湾ではみられない特徴がみられた．餌メニューも，田辺湾，ロングアイランド湾ともに藻類から貝類，多毛類，節足動物と幅広かったが，フジツボ類だけは，侵入先のイソガニは食していたのに，在来地の田辺湾からは全く餌メニューに上がってこなかった．これは日本のフジツボ類のほうが，イソガニにとって食べにくい形状をしているためではないかと考察されている．垂直分布，餌メニュー，そして体サイズについて共存している他のカニ類とのニッチ重複をまとめてみると（図8.1），いずれのニッチ軸でも，他種との重複度は，在来地と侵入先との間に大きな違いは認められていない．つまりイソガニは，アメリカに侵入しても，利用資源は変わることなく，他の種との資源利用の分割の仕方も在来地と変わることなく生息していることになる．言い換えれば，アメリカの海岸には，イソガニが利用可能な空きニッチがあって，そこにうまく入ることで侵入を獲得できたと言うことができよう．

Lohrer 博士は，イソガニの分布が転石の量に影響されるかを調べる野外実験も，日本の田辺湾で行った（Lohrer *et al.*, 2000b）．転石の量を 2 倍にする区と

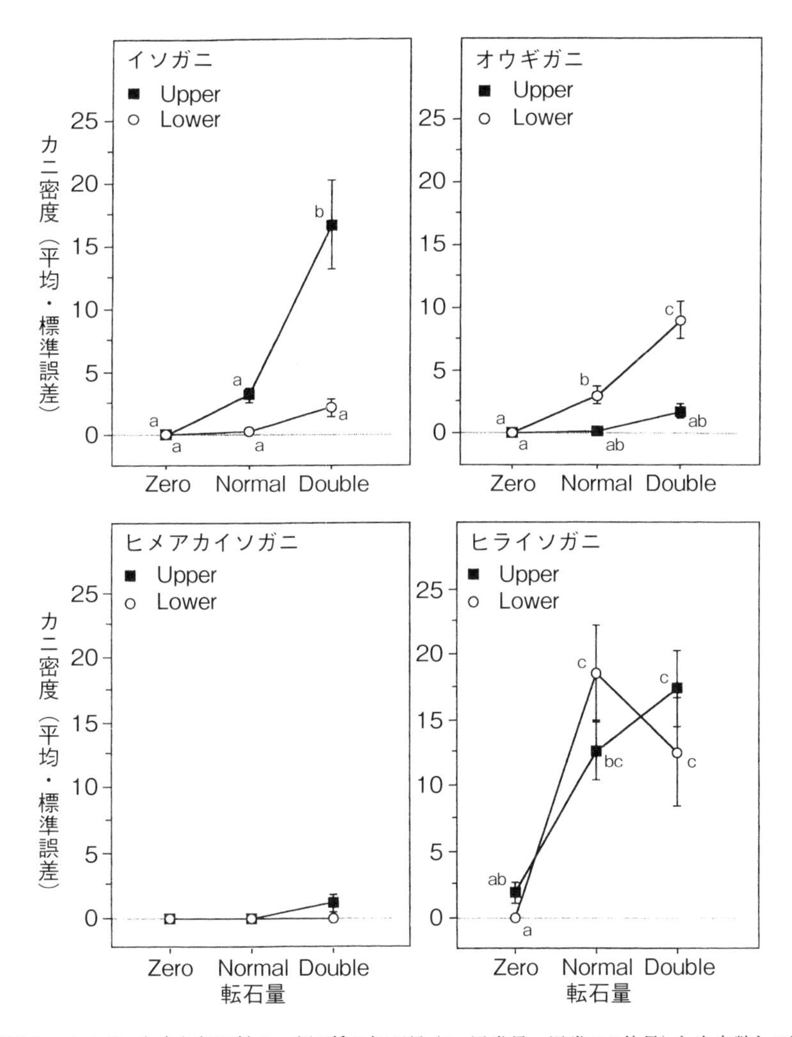

図8.2 イソガニを含む転石性カニ類4種の転石量（0，通常量，通常の2倍量）と生息数との関係

転石をなくする区，それに対照区として転石量は変えずに転石を取り除いてまた戻すという操作を加えた区を準備して，2週間後に，加入したカニ類の個体数を調べた．その結果，イソガニとオウギガニは転石の量に伴って加入数は増減したが，同じ転石性のカニでもヒライソガニやヒメアカイソガニなどは必ずしも加入数が転石量に依存しなかった（図8.2）．通常の分布密度を転石量と対応させてみても，イソガニとオウギガニは，その密度が転石量と相関するのに

対し，ヒライソガニとヒメアカイソガニでは，そのような相関性は見出せていない．おそらくヒライソガニやヒメアカイソガニは，転石とその下部の岩盤との間をすみかとしており，転石が折り重なってできる転石間のすきまを利用することはないのに対し，イソガニやオウギガニは，むしろ転石間のすきまをすみかにしているという違いによるものだろう．

8-2　はさみに毛房をもつカニ

転石海岸にみられるカニ類には，はさみ脚に毛の房を具えた種がよくある．内湾の転石地で普通にみられるケフサイソガニやタカノケフサイソガニ，汽水域の稀少種タイワンヒライソモドキなどはともに雄のはさみ脚に毛の房があるのに雌のはさみ脚に毛はない（図8.3）．毛の房でなく袋状の構造物が雄のはさみ脚に付いているのは，転石海岸にすむイソガニである．雌も雄同様にはさみ脚に毛房をもつ種もいる．ヒメケフサイソガニ（図8.3）である．

雌雄間の形態上の相違を性的２型というが，ケフサイソガニ・タカノケフサイソガニでは，はさみ上の毛房が雄だけにあるので性的２型が明瞭と言えるが，ヒメケフサイソガニでは，毛房が雌雄ともあるので性的２型はケフサイソガニやタカノケフサイソガニほどには顕著でない．はさみ脚の大きさは雌より雄のほうが大きいが，その度合いは，ヒメケフサイソガニよりもタカノケフサイソガニのほうが大きく（Miyajima *et al.*, 2012），この点でも性的２型は，タカノケフサイソガニのほうが，ヒメケフサイソガニよりも顕著である．そこでヒメケフサイソガニとタカノケフサイソガニの間で闘争行動と配偶行動におけるはさみ脚の使われ方を比較した（Miyajima *et al.*, 2012）．その結果，はさみ脚の形状の性差が大きいタカノケフサイソガニでは，雄間の闘争で，はさみ脚を使うことが多く，雌間の闘争では歩脚を使うことが多いのに対して，ヒメケフサイソガニでは雌雄ともにはさみ脚を闘争で使っていた．また配偶行動においては，タカノケフサイソガニでは交尾前に雄が雌をはさみ脚で操作する行為があるのに対し，ヒメケフサイソガニの雄ではそのようなはさみ脚を使った雌の操作はなかった．はさみ脚の性差の度合いが，闘争行動や配偶行動の内容にも反映されていると言える．

それでは，はさみ上の毛房は闘争上も配偶行動上も有利なのだろうか．Miyajima and Wada (2015) は，これらの種のはさみ脚上の毛房を人為的に除去

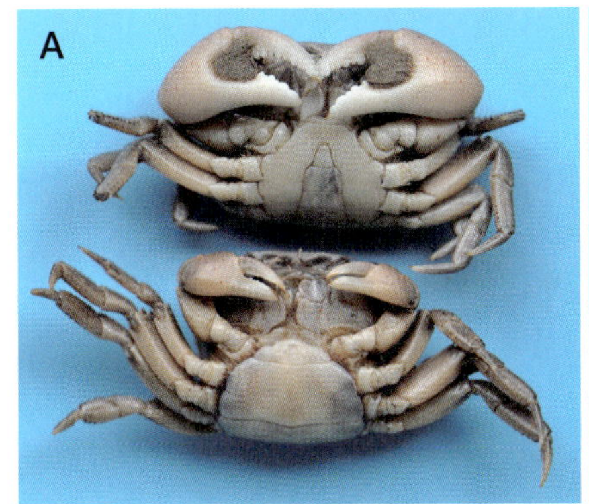

図8.3　はさみ脚に雄のみ毛房を具えるタカノケフサイソガニ (A) と雌雄とも毛房を具えるヒメケフサイソガニ (B). A, B ともに上が雄で下が雌

する操作実験によってこの点を検討した. 解剖用のメスを使って毛を剃り落とした個体をつくり, 闘争の勝敗やつがい成功率を, 正常個体と比較したのである. この実験では, 正常個体のほうも, 対照とするため, 毛削除個体と同じようにメスをはさみ脚に当てて, 毛は剃らずにこするという操作を同じ時間続けるようにした. 闘争行動においては, ほぼ同サイズの正常個体と毛削除個体を戦わせ, どちらが勝ったかをみた. その結果は, タカノケフサイソガニの雄では, 正常個体が勝ったのが12例に対し, 毛削除個体が勝ったのが11例となって, 両者間で違いはなかった. これに対してヒメケフサイソガニの雄では, 正常個体が勝ったのが15例に対し, 毛削除個体が勝ったのは 6 例で, 正常個体のほうが勝率は高かった. さらにヒメケフサイソガニの雌では, 正常個体が勝ったのが 7 例に対し, 毛削除個体が勝ったのが 5 例で, 両者間で違いはなかった. 以上から闘争行動においては, ヒメケフサイソガニの雄のみが, はさみ脚の毛が有効であった.

次にほぼ同サイズの毛削除雄と正常雄を同一の雌に宛てがい, 雌が交尾するのはどちらの雄かを調べた. 実験に提供した雌は, 雄を受け入れるのが可能な状態のもの（交尾口が可動）にしている. タカノケフサイソガニ, ヒメケフサイソガニとも, 交尾できた頻度は, 毛削除雄と正常雄の間で違いはなかったが, 交尾するまでの時間は, タカノケフサイソガニにおいて毛削除雄のほうか正常雄よりも長いという結果となった. はさみ脚に毛房があることでタカノケフサイソガニの雄は雌との交尾がよりスムーズに進むものと理解できる．

配偶相手による選ばれ方にはさみの毛房が影響するかを，交尾可能雌に，ほぼ同サイズの毛削除雄と正常雄を宛てがい，どちらの雄に雌が近づいたか，そしてどちらの雄と交尾したかを調べた．その結果，タカノケフサイソガニの雌の場合は，正常雄に最初に近づいたのが13例，毛削除雄に最初に近づいたのが9例となり，両者間で違いはない．また交尾した例数では，正常雄が5例，毛削除雄が7例で，これも両者間で違いはなかった．これに対してヒメケフサイソガニでは，交尾例数で正常雄（7例）のほうが，毛削除雄（2例）よりも多かった．ただし雌が最初に近づいた雄については，正常雄（6例）と毛削除雄（9例）との間で違いはなかった．以上から，雌によるつがい相手としての選ばれ方では，ヒメケフサイソガニの雄で，毛房が有効となっていると言える．内容が異なるものの，はさみ脚上の毛房は，両種の雄ともに配偶行動上有利に働いていると言うことができる．

8-3 ヒライソガニ：体色変異

日本の転石海岸で最も普通にみられるカニといえばヒライソガニである．日本では北海道から九州そして琉球列島までに広く分布し，国外では韓国，中国，台湾にも分布している．国内の集団については，顕著な遺伝的障壁が，本州の集団と奄美大島の集団の間に存在していることもわかっている（Kawane *et al.*, 2008）．本種は，その体色が茶褐色，紫，白と変異が大きいのが特徴だが（図8.4），その点を詳しく扱った研究はほとんどない．

私は，自分の研究室に配属された学生の卒業研究テーマを学生の実家近くの海岸に求めて，現地をみて回ったとき，ヒライソガニで面白い現象に出合うことができた．学生の実家は，愛媛県松山市の地先にある中島という小島にあるが，その島の海岸の岩色が暗色のところと明色のところがあり，そこのヒライソガニの体色もそれに対応した変異をしているようにみえたのである．2つの海岸は，わずか10 kmほどしか離れていないが，海岸の色の違いは明瞭であった．そこでこの2つの海岸にいるヒライソガニの体色組成を定量的に把握したところ，予想通り，暗色タイプの個体の割合は，暗色の海岸のほうが，明色の海岸よりも高かった（図8.5）（Murakami and Wada, 2015）．

ではヒライソガニの体色は，背景の色調に応じた変化をするものだろうか．

図8.4 ヒライソガニにみられる様々な体色の個体．A: 一様暗褐色，B: 部分暗褐色，C: 一様明褐色，D: 部分明褐色，E: 一様白色，F: 部分白色，G. 部分紫色，H: 部分灰色

そこで，野外の海岸に，石とヒライソガニを入れたボックスを一定期間設置し，ヒライソガニ各個体の体色変化をみる実験を行った（図8.6）（Murakami and Wada, 2015）．ボックスに入れる石の色は，暗色のものと明色のものに区別し，入れるヒライソガニも体色が明色のものと暗色のものに区別して，両者の組み合わせを4通り（暗色の石と暗色のカニ，暗色の石と明色のカニ，明色の石と

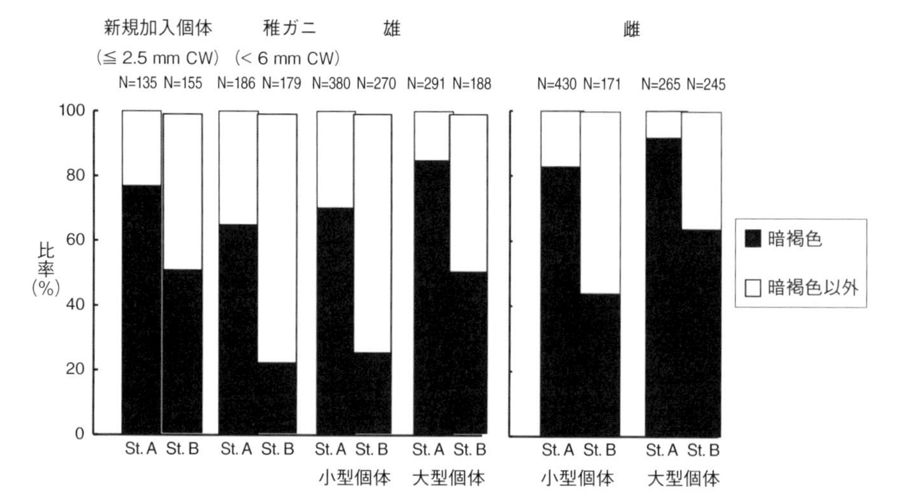

図8.5 暗色海岸（St. A）と明色海岸（St. B）におけるヒライソガニの体色組成．暗褐色の個体とそれ以外の色調の個体の占める割合を定着直後の稚ガニ，小型個体，雄，雌に区分して示した

明色のカニ，明色の石と暗色のカニ）つくって実験した．3～4か月の実験期間で，カニは体色をすべて暗色方向に変化させることがわかった．そしてその変化の度合いは，背景が暗色の場合ほど高く，また体色が明色の場合ほど高いことも明らかとなった．この結果より，暗色の海岸で暗色のヒライソガニが多い理由として，体色が暗色に変化する度合いが暗色の海岸のほうが高いからだという説明が可能となる．しかしほかにも理由は考えられる．ヒライソガニの幼生が定着して，稚ガニとして転石海岸に生息するようになる段階で，体色が周囲の石の色によって決まっているという説明もありえる．さらにもうひとつは，捕食者による食われ方が体色によって異なり，背景と似た体色のカニは被食頻度が低いため，結果として背景色に似た体色のカニが多くなるという説明である．そこで最初に定着直後の稚ガニの体色を，暗色海岸と明色海岸とで比較してみることにした．石を入れたボックスをそれぞれの海岸に設置し，そこに新規定着したばかりの稚ガニを採集してそれらの体色をみてみたのである．結果は予想通り，明色の海岸では明色の稚ガニの割合が暗色の海岸よりも高かったのだ．つまり底生生活に入ったところで，体色は既に周囲の色調の影響を受けていたのである．

では被食率はどうなのだろう．明色のカニと暗色のカニをペアーにして，明

図8.6 ヒライソガニの体色が周囲の色調によって変化するかをみるための野外実験．暗色の石を入れたボックスと明色の石を入れたボックスにヒライソガニを投入して体色を追跡した

色海岸と暗色海岸それぞれに糸につないで設置して，そのカニの生存率を調べた．その結果，明色のカニと暗色のカニそれぞれの生存率はどちらの海岸においても違いはなかった．これは，被食率が体色には依存しないことを示している．以上より，２つの海岸でのヒライソガニの体色組成の違いは，底生生活に入る段階で，背景色に応じた変異を伴っており，さらにそれぞれの海岸で成長するに伴い，色調がそれぞれの海岸に応じて変化するということでできあがっていると言える．

8-4　転石海岸の稀少種マメアカイソガニ

和歌山県の田辺湾内の転石海岸にみられるイワガニ上科のカニ類の生活史を調べていた福井康雄博士（大阪芸術大学短期大学部）は，そこでアカイソガニ（口絵32）という種と同所的に出現する小型の類似種をみつけており，未記載種のまま，*Cyclograpsus* sp. としてその生活史をまとめている（Fukui, 1988）．この種はアカイソガニと同じように潮間帯の上部に限って出現し，しかも転石が積もったところの最も底部からみつかるのであった．さらに面白いことに，この種の雄の体サイズ（最大甲幅 5 mm）は雌（最大甲幅9.5 mm）の半分ほど

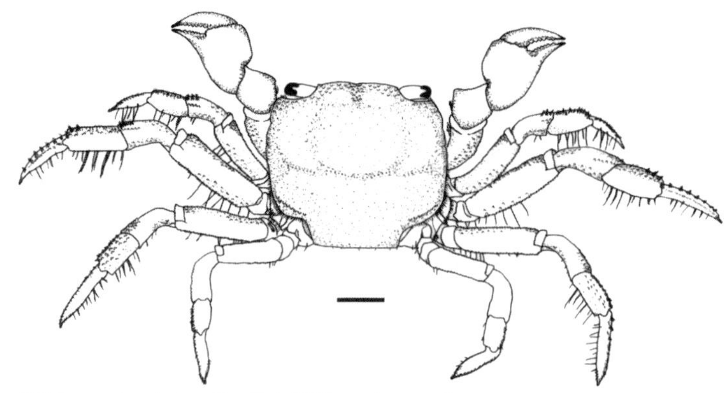

図8.7　マメアカイソガニ雄全体図．スケールバー：1 mm

しかないという体サイズの性的２型の特徴をもっている．抱卵雌が出現するのは５月から９月までで，同じような潮間帯上部に分布するアカイソガニ（繁殖期：３月から10月まで）よりも繁殖期間は短い（Fukui, 1988）．

アカイソガニとの形態的特徴の相違は，体サイズが最も顕著であり，アカイソガニは最大甲幅が22 mm 近くになるのに対して，本種はせいぜい 9 mm と約半分の体長である．ほかには，甲の側縁の丸みがアカイソガニよりも少ないのと，第２，第３歩脚の前節下縁に剛毛がある（アカイソガニにはない）といった違いが認められ（図8.7），2009年に新種マメアカイソガニ *Cyclograpsus pumilio* として報告された（Hangai *et al.*, 2009）．本種の報告当時，その記録地は基産地となる田辺湾（白浜町坂田）と和歌山市大川町の２か所しか知られていなかった．潮間帯性のカニで，このように記録が限られる種というのは珍しいが，それは本種が転石海岸の限られた生息場所条件のところに分布するという特性により，なかなかみつかりにくいことが原因になっているものと思われた．さらにアカイソガニの小型個体と見間違いやすいという点もあろう．基産地の白浜でも，アカイソガニが分布しているゾーンのさらに上部付近だけに本種の分布は限定され，さらにはアカイソガニよりもずっと深部のほうからみつかるのであった．そこで転石海岸の潮上帯付近を詳しく調べれば，他の地域でも本種がみつかるだろうと考え，放送大学の大学院生中岡由起子さんの修士研究のテーマとして，近畿地方一円の転石海岸を探索することにした．その結果，紀伊半島沿岸の海岸に広く分布するだけでなく，四国沿岸や福井県から兵庫県までの日本海沿岸域にも分布していることがわかった（中岡・和田，2014）．さらに時

図8.8　マメアカイソガニがみつかる転石海岸

を同じくして他の研究者からも，マメアカイソガニの報告が相次いでなされ，三重県の志摩半島沿岸（締次，2013），徳島県鳴門市の海岸（和田，2012），島根県沿岸（桑原・林，2014）などにも分布していることが明らかとなってきた．

マメアカイソガニが記録される海岸は，いずれも外海からやや遮蔽された位置にある礫浜（図8.8）で，大潮平均満潮線付近に集中していた．生息地の礫は径が 2 ～20 cm の pebble から cobble といえるもので，礫層は少なくとも深さ 10 cm はあり，すべての記録地で打ち上げ海藻がみられた（中岡・和田，2014）．本種の分布ゾーンを明確に把握するため，同じような礫が潮上帯から潮間帯まで拡がっている海岸で，本種の垂直分布を定量的に調べたところ，本種は，大潮最大満潮線付近から小潮平均満潮線付近までに分布し，最大密度は大潮平均満潮線付近にあることが明らかとなった（図8.9）．さらに本種の胃内容物から餌生物をみたところ，胃内容物のほとんどを占めていたのが海藻片であった（中岡・和田，2014）．この結果は，彼らの餌が打ち上げ海藻であることを示しており，彼らの分布する転石海岸に必ず打ち上げ海藻がみられたことを裏付ける結果となっている．またこの餌メニューは，マメアカイソガニと同所的に分布する近縁のアカイソガニの餌が昆虫類であったこと（奥井・和田，1999）と

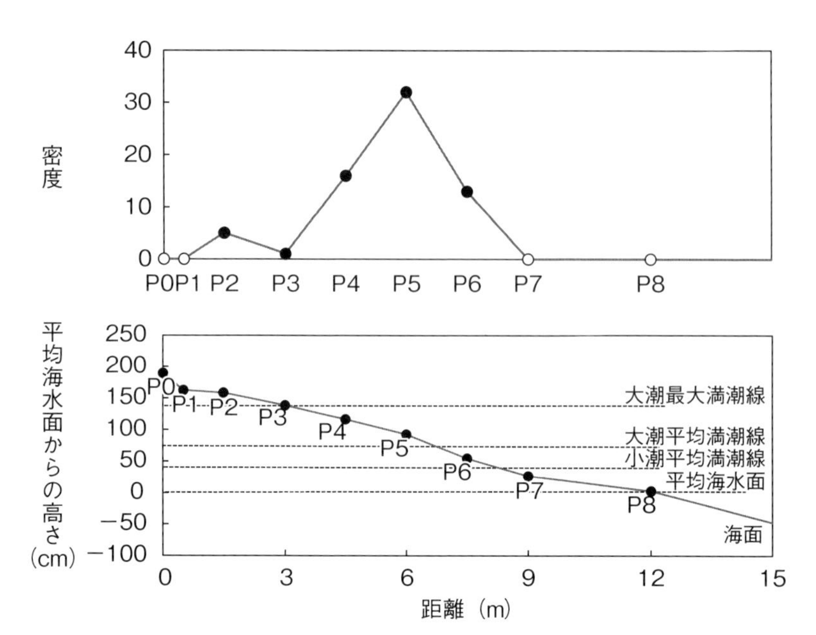

図8.9 転石海岸横断上のマメアカイソガニの分布．小潮平均満潮線から大潮最大満朝線付近までの範囲に限定して分布する

対照的である．

本種の分布でさらに面白いのは雌雄間の違いである．本種を採集していて気が付くのは，雄が雌よりも深い層からみつかるという点である．雄が雌の半分しかないという体サイズの性的２型の特徴が，生息場所の性差にも反映されているとみられる．中岡由起子さんは，その修士研究で，この生息場所特性の雌雄差を室内観察から明らかにしている．石を敷き詰めた瓶に雄と雌を入れ，その生息位置を昼夜にわたって観察したところ，雌よりも雄のほうが，より下部に定位していたのである．間隙が少ない転石下部に生息するという雄の特性は，本種における雄の小型化という特徴と密接に結びついているものと考えられる．

第９章

岩礁海岸のカニ

9-1　擬装するカニ：クモガニ類

和歌山県白浜町にある京都大学瀬戸臨海実験所の前にある岩礁海岸には，干潮時に海水が残ったタイドプールが豊富にあり，そこには海藻類を体表に付けるクモガニ科のカニをたくさんみることができる．主たる種は，ヨツハモガニ，ヒラワタクズガニ *Micippa platipes*（図9.1右），イソクズガニ（図9.1左）の３種である．クモガニ科の多くの種が海藻などで擬装することはよく知られていたが，その擬装材料が季節的にあるいはカニの生活期によってどのように変動するかを詳細に調べた研究はほとんどない．佐藤路子さんの修士研究（Sato and Wada, 2000）は，上記３種のクモガニ類について，擬装材料となる海藻の季節変化と擬装材料としての利用の仕方の季節変化をカニの生活史をからめて明らかにしようとしたものである．また餌としての海藻の利用についても胃内容物の調査から明らかにしている．

まず３種のクモガニ類の生息レベルは微妙に違っており，ヨツハモガニが最も低いレベルのタイドプールに分布するのに対し，イソクズガニとワタクズガニはこれよりやや高いレベルに出現していた．タイドプール内に生えている海藻種は優占して出現するのはアオモグサ *Boodlea coacta*，ピリヒバ *Coralina pilulifera*，イソモク *Sargassum hemiphyllum*，ウミトラノオ *Sargassum thunbergii* の４種で，このうちイソモクが最も低いところに生え，アオモグサとピリヒバは高いほうのタイドプールに主に生えており，ウミトラノオは低いほうから高いほうまでほぼまんべんなく生えていた．海藻各種がプール内に生えている被度の割合と，カニが体表上に付けている海藻各種の被度の割合を比較することで海藻各種に対するカニの好みを評価できる．プール内で生えている割合に比べて，体表上に付いている割合のほうが高ければ，その海藻種はそのカニに好

図9.1 イソクズガニ（左図）とヒラワタクズガニ（右図）

まれて体表に付けられていることになる．その指数，選択指数をみたところ，イソクズガニとヒラワタクズガニは，両種が主に生息するレベルに多く生えているアオモグサとピリヒバへの好みが高く，反対に同じところにあまり生えていないイソモクへの好みは低かった．一方，ヨツハモガニは同じレベルに主に生えているイソモクへの好みが高い傾向を示した．そしてこのような海藻種への好みは，室内での選択実験からも確認された．具体的には，イソクズガニは，アオモグサとピリヒバそれにウミトラノオを比較的好み，ヒラワタクズガニは，アオモグサとピリヒバを好み，ヨツハモガニはイソモクとウミトラノオを好む傾向が示された．胃内容物は，3種とも海藻類で占められていた．つまり彼らは周囲の海藻を餌としても，また擬装材料としても利用していると言える．また餌のメニューは，擬装材料のメニューと比較的似ていたのである．

佐藤路子さんの後，これら3種のクモガニ類の擬装行動を研究テーマにしたのは，ベトナムからの留学生 Phan Due Thanh さんであった．彼女の研究テーマは，クモガニ類の擬装行動が本当に被食回避に役立っているかを明らかにすることと，擬装量を決める要因は何かを探ることであった．当時まだこのような研究は全くなされておらず，未知の領域でもあった．そもそもクモガニ類の捕食者を特定する必要があるが，研究場所にしていた京都大学瀬戸臨海実験所の技官太田　満さんが，水族館での観察や魚の胃内容の観察から，クサフグ *Takifugu niphobles*、コモンフグ *Takifugu poecilonotus*，カサゴ *Sebastiscus maromotatus* がイソクズガニの捕食者であることを教えてくれた．水槽内で再度捕食の有無を観察したところ，クサフグとカサゴが，イソクズガニに近づき，これを口にくわえた後飲み込むという捕食行為が確認された．これらの捕食魚はイソクズガニの生息地でもよくみられる種である．そこでイソクズガニ生息地において，海藻を体に付けた個体と海藻を付けていない個体とで被食率に差があるかを調べる野外実験を行った（Thanh *et al.*, 2003）．野外で被食率を求める方法としては，糸で繋いだ個体を野外に放置してその残存率を生存率とみなして調べるというやり方がある．海藻を付けたイソクズガニと海藻を付けていないイソクズガニをペアーにしてそれぞれを糸でひとつの場所につなぎ，その残存数をみることにした．問題は海藻を付けない個体のつくり方である．どの個体も海藻は体に付けているのがイソクズガニであり，体から海藻を剝がすことは容易であるが，海藻を剝がしても野外に設置するとすぐに彼らは海藻を身に付けてしまう．海藻を体から取り外した個体が，野外でそのまま海藻が付けないでいるようにする必要がある．Thanh さんは，海藻を体に付けるときに使われるはさみ脚のはさみ部の両刃を接着剤で固定する方法を考案した．こうすれば海藻を取り付けることは不可能である．ただしこうなると餌も摂ることは不可能である．こうしてつくった非擬装個体と擬装したままの個体をペアーにして野外に設置したのであるが，ここでは，擬装したままの個体についてもそのはさみを同じように接着剤で固定するようにしたのは当然である．80ペアーを野外に2日間設置して，その残存数をみたところ，擬装個体・非擬装個体ともに残ったのが24ペアー，ともに消失したのが25ペアーで，擬装個体が残って非擬装個体が消失したのが24ペアーだったのに対してその逆の擬装個体が消失し非擬装個体が残ったのがわずかに7ペアーであった．つまり，擬装個体のほうが残存率は高かったのであり，このことは擬装による被食率低下を示唆しているのである．

擬装行動が捕食回避と結びついたものであることを示すものとして，捕食者の存在下で擬装量が高くなるという現象が挙げられる．Thanh *et al.* (2003) は，室内実験でこのことをきれいに示している．体に付けられた海藻等をすべてきれいに取り除いたイソクズガニを海藻（ピリヒバ）の入った水槽に入れ，その個体が，近くに捕食者がいる場合といない場合とで海藻を身に付ける量を比較したのである（図9.2）．捕食者としてはクサフグを使用した．1日経過してからの海藻付着量をみたところ，同じ個体でも捕食者存在下では捕食者不在下よりも明らかに多くの海藻を体に付けていたのである（図9.3）．捕食者存在下で擬装量が高まることを示した最初の研究であった．

Thanh *et al.* (2005) は，イソクズガニに加えて同所的に出現するヒラワタクズ

捕食者（クサフグ）存在下

捕食者不在下

同一試験個体

図9.2　イソクズガニが体表に付ける海藻の量が捕食者（クサフグ）の存在と非存在とで異なるかを調べた実験．体表から海藻をすべて取り除いた個体が捕食者のいる水槽（左）にいるときと捕食者のいない水槽（右）にいるときとで，体に付けた海藻の量を比較した

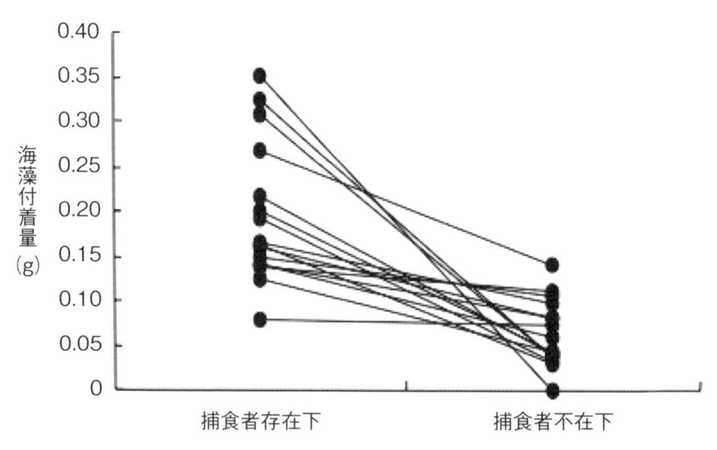

図9.3　捕食者存在下と非存在下でイソクズガニが体に付けた海藻の量．同一個体の値を線でつないでいる

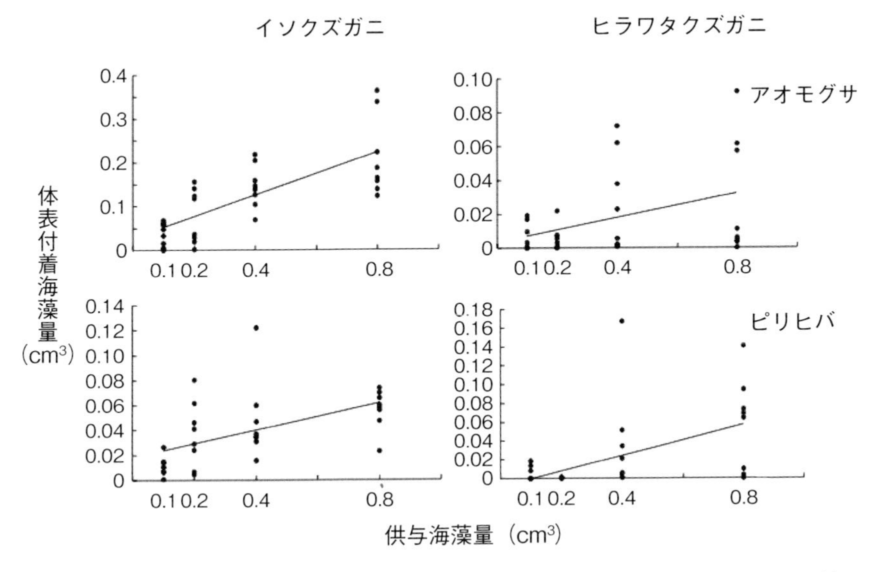

図9.4 イソクズガニとヒラワタクズガニにおける利用可能な海藻量と体表付着量との関係.
アオモグサ，ピリヒバともに，利用可能量が増えると体表付着量も増えている

ガニも含めて，擬装量に，捕食者の存在以外の要因がどれくらい影響するものかを検討している．イソクズガニとヒラワタクズガニは，ともにアオモグサとピリヒバを好んで体に付ける傾向があり（Sato and Wada, 2000），擬装資源を巡っての競争が存在している可能性がある．まず擬装量が利用可能資源の量に依存するかを検討した．体表の擬装物を取り除いた個体を，十分量の海藻（アオモグサまたはピリヒバ）を敷いた水槽に3時間入れておき，体に付けた海藻の量を測ったところ，イソクズガニ，ヒラワタクズガニともに，アオモグサまたはピリヒバの量が多くなるにつれて，それらを体に付ける量も多くなった（図9.4）．次にほぼ同サイズのイソクズガニとヒラワタクズガニそれぞれ1個体を水槽に同居させ，そこに十分量のアオモグサまたはピリヒバを与え，一定時間における両者間での闘争の勝率と体に付けた海藻の量を求めた．種間の闘争においては同じ体サイズであっても，イソクズガニのほうがヒラワタクズガニよりも勝率が高く，結果体に付ける海藻の量もイソクズガニのほうがヒラワタクズガニよりも多くなった（図9.5）．またこの2種の同居に捕食者の存在を付加すると，両種間の競争がより鮮明となり，イソクズガニのほうが多くの海藻を付けるという傾向が強化された．

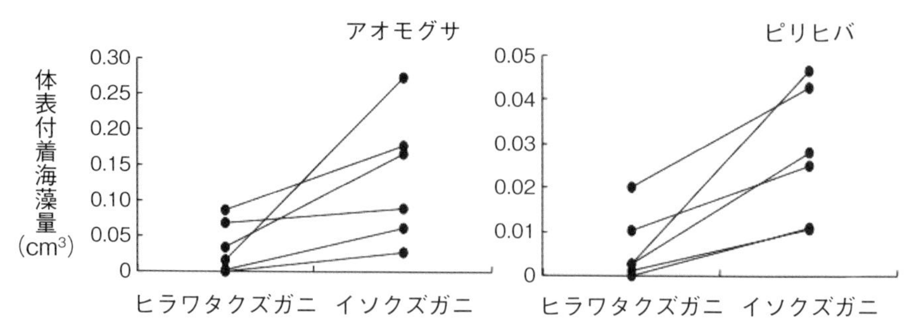

図9.5 イソクズガニとヒラワタクズガニの共存下でのそれぞれの擬装用海藻利用量．アオモグサ，ピリヒバともに，イソクズガニのほうがヒラワタクズガニよりも利用量が多い

クモガニ科カニ類の擬装行動は，同じ種であっても地域集団によってその内容が異なることが考えられる．Stachowicz and Hay (2000) は，アメリカ東岸に広く分布するクモガニ科の *Libinia dubia* の海藻種への好みが地域によって異なっており，南方の集団が付けている主要海藻種 *Dictyota menstrualis* への好みが，南方集団では強いのに対して，北方集団では強くないことを示した．この紅藻は，クモガニの捕食者を忌避させる化学物質を含んでいるため，擬装に使えば被食回避にもつながるため有利となるものである．この紅藻が分布するところの *Libinia dubia* は，この紅藻を強く好むのに対して，この紅藻の分布しないところの *Libinia dubia* は，この紅藻への好みは強くないのである．

日本の沿岸でも擬装行動の地理的変異を扱った研究がある．Hultgren *et al.* (2006) は，ヒラワタクズガニの海藻種への好みを，伊豆下田，和歌山県白浜，高知県宇佐の 3 地域間で比較している．それによると 3 地域のうち，最も南に位置する高知のヒラワタクズガニは，好みの種と忌避する種とがよりはっきりしており，和歌山でよく擬装に使われていたピリヒバは，強く嫌われるのに，好みのコケイバラ *Hypnea pannosa* への好みは他地域に比べてより明瞭であった．この地理的変異が生じる理由はよくわからないが，南方のものほどニッチ幅が狭くなるという傾向が反映されているものとみられる．

9-2　岩礁海岸を生息場所にするスナガニ類

岩礁海岸に生息するカニは，イワガニ上科やオウギガニ上科の種が大半だが，干潟や砂浜を主な生息場所としているスナガニ上科の種で岩礁海岸にすむもの

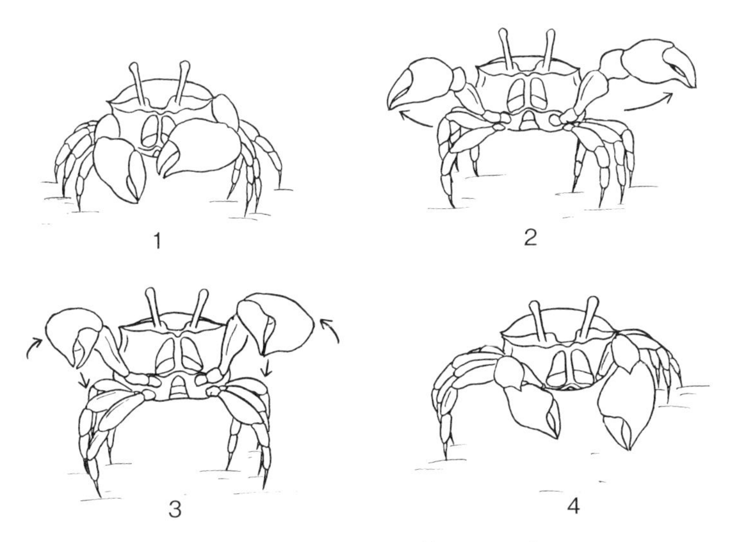

図9.6　岩礁に生息するチゴガニ属の1種ミナミチゴガニのwaving

がある．琉球列島のリーフフラットには，チゴガニ属の1種ミナミチゴガニがみられる．他の造穴性の動物により空けられた穴を自分のすみかにしており，その穴を出入りしながら，干潟のチゴガニと同じように岩盤上でwavingをしているのが観察される．本種は，遺伝的には，同属のチゴガニよりもむしろ別属のコメツキガニに近く，ツノメチゴガニとも同じクレードに属することがわかっている（Kitaura *et al.*, 1998）．本種のwavingはチゴガニと同じように，外から内に振り回すタイプであるが，はさみの上げ方がチゴガニほど高くは上がらない（図9.6）．本種の配偶行動様式もユニークで，チゴガニ属の多くの種が巣穴内で交尾する巣穴内様式であるのに対して，ミナミチゴガニでは，地上で交尾する表面様式が主流である（Kosuge *et al.*, 1992）．

日本の沿岸で岩礁海岸にすむスナガニ上科の種は，ほかに2種知られている．どちらもオサガニ科の種であり，ひとつは沖縄島と台湾のみから知られているタイワンヒメオサガニ *Macrophthalmus boteltobagoe* である．本種の生態については，Kosuge (1993) が，抱卵周期と脱皮周期との関係を明らかしているのと，闘争行動の記載が Kitaura and Wada (2004) によりなされている．本種は，系統的には，オサガニ属の中で比較的古いものとされており，形態的類似種のホルトハウスオサガニ *Macrophthalmus holthuisi* と姉妹群を形成する（Kitaura *et al.*, 2006）．

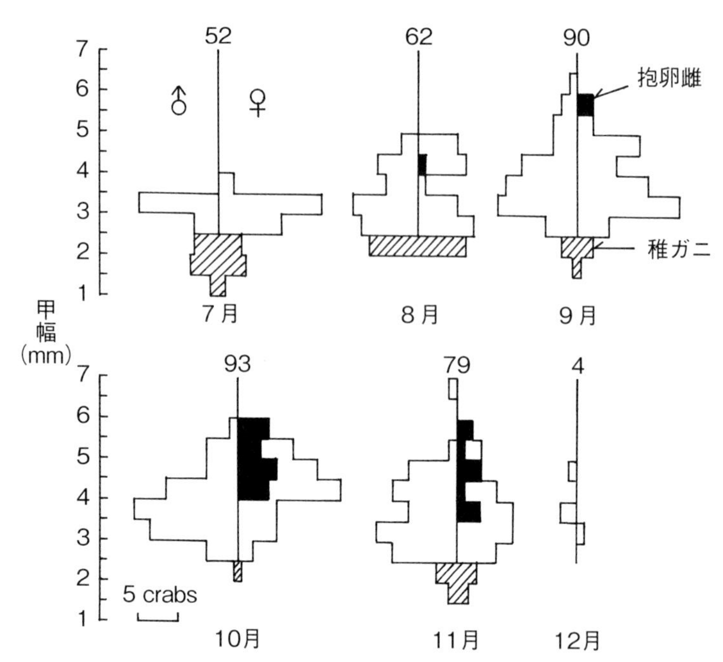

図9.7　和歌山県白浜の海岸におけるヒメカクオサガニの出現期間中の個体群構造．出現初期には体サイズが小さいが，月を追って成長し，秋には抱卵雌も出現している

もう1種岩礁海岸にみられるオサガニ科の種は，日本の本州沿岸からも記録のあるヒメカクオサガニ *Chaenostoma crassimanus*（元 *Macrophthalmus boscii*）（口絵33）である．本種は，日本では三浦半島，和歌山県沿岸，琉球列島から記録されており，いずれも平坦な岩礁上でみつかっている．和歌山県白浜町の京都大学瀬戸臨海実験所前の岩礁では夏季から冬季にかけてのみ出現することがわかっている．出現する岩礁は平均潮位レベル付近の高さにあり，アミジグサやイバラノリなどの小型海藻で覆われ，大小様々なタイドプールが多くみられるところである．そこに80 m^2の観察域を設け，1年間毎月1時間近くをかけてヒメカクオサガニの探索を行い，みつかれば採集してその体サイズを計測するという調査を行った（和田，1985）．本種は岩礁の隙間をすみかにしており，干潮時にはそこから出てきて地上活動するため，静かに観察していると走り出す本種をみることができ，それを採集するのである．その結果，1年のうちで7月から12月までの期間に限って本種が出現することが確認された．その体サイズ組成をみると（図9.7），出現初期の7月には，稚ガニを含む小型個体ばか

りで占められており，それらが月を追って成長していく様子がうかがえる．しかも雌では8月から抱卵個体がみられるようになり，11月まで抱卵雌が確認される．するとこのカニは，定着後2か月近くでもう繁殖に参加するという非常に早い性成熟達成齢をもっていることになる．しかし繁殖までしている成体は冬を越して齢を重ねることはできないとみられる．それは出現初期にみられる個体に年を越したとみられる成体サイズのものがみられないからである．冬季の低温のため，越冬できず死滅しているものと思われる．このように本州沿岸では冬を越せずに夏から秋にかけてのみ生息する南方系の種は無効分散といわれて既述のツノメガニ，ナンヨウスナガニやサンゴ礁魚類でよく知られている（桑村，1976, 1980）．7月の出現初期の稚ガニは，どこで産出された幼生が定着したものであろうか．前年の11月に抱卵している雌個体から放出された幼生とはどうしても考えにくい．なぜならスナガニ類の浮遊幼生期間は，せいぜい1.5～2か月とされており（福田，1980；Montague, 1980），6か月も浮遊期間が続くような例は知られていないからである．ツノメガニやナンヨウスナガニと同じように，和歌山県よりも南の海岸のヒメカクオサガニの個体群から産出された幼生が北上する黒潮に乗って白浜沿岸に定着しているものとみられる．

南方海域から田辺湾に幼生が運ばれてくるのは，いずれも田辺湾の湾口付近に生息場所をもっている動物であり，外海に近い位置にあるため黒潮からの漂着がしやすいことも関係していると思われるが，湾奥部に生息場所をもつ動物にも無効分散を示すものがみつかってきた．それは干潟に生息するシオマネキ類である．1994年から2000年までの期間に，田辺湾の湾奥部に位置する干潟において，琉球列島以南に分布する熱帯性のシオマネキ類，ヒメシオマネキ，ベニシオマネキ，オキナワハクセンシオマネキが立て続けにみられるようになった．発見者は京都大学瀬戸臨海実験所の田名瀬英朋氏である．みられたのはいずれも9月から11月までの秋季であり，体サイズは明らかにその年に定着したとみられる小型サイズであった．そして翌年の春にはこれら南方系の種は姿を消していたので，越冬は無理であり，繁殖はしないまま冬季に死滅する無効分散の例になる．琉球列島に分布しているこれらのシオマネキ類の幼生が，黒潮に乗って一気に本州南岸の田辺湾に入ってきたものとみられる．同じ頃，宮崎県の干潟でもヒメシオマネキが宮崎大学の三浦知之博士らにより発見されている（鈴木ほか，2003）．

白浜のヒメカクオサガニは冬を迎えるまでに成体になっており，繁殖もしていることから，配偶行動もみられるはずであるが，実際に岩上で waving や交尾行動が確認できている（Kitaura and Wada, 2004）．Waving は，はさみ脚を垂直に上下するタイプで，これを繰り返すのが観察される．特に近隣個体に遭遇したときや交尾前に行われる．交尾前は，雄が waving をしながら雌に急に近づき，雌の上に乗りかかってから雌と向かい合って交尾が行われた．

9-3　ヤドカリ：貝殻の好み

ヤドカリ類は英語で hermit crab と称され，カニ類の一部のように聞こえるが，厳密にはカニ類（brachyuran crab）とは異なるものである．しかし岩礁海岸にいるカニ類の話題としてヤドカリ類も取り上げて説明することにする．

そもそも私がヤドカリを材料に研究をしたのは，東北大学理学部の 4 年生のときに浅虫にある東北大学の臨海実験所近くの海岸で分布を調べたのが最初である．当時 3 種のヤドカリが潮間帯できれいな帯状分布を成していることを見出したのだったが，その頃日本でヤドカリ類の生態学的研究をしている研究者はほとんどいなかった．当然，私が行ったようなヤドカリの帯状分布の研究例もなかった．その後九州大学の天草臨海実験所に大学院生として在席していた朝倉　彰博士がテナガツノヤドカリ *Diogenes nitidimanus* の個体群動態の研究を始め，同じ頃京都大学の今福道夫博士がホンヤドカリ *Pagurus filholi* を使った行動学的研究を始めていた．その後朝倉　彰博士の研究が分類学的研究にシフトする頃になると，当時北海道大学水産学部で教鞭をとられていた五嶋聖治博士がヤドカリ類の生態学的研究を始め，そのお弟子さんの和田　哲博士らが行動生態学的研究を盛んにされるようになった．最近では，和田　哲博士のお弟子さんやスナガニ類の行動生態を専門にしている古賀庸憲博士，佐賀大学の吉野健児博士など多くの研究者がヤドカリ類の生態に取り組んでおり，甲殻類の中でヤドカリ類は，スナガニ類に並ぶ研究者の多い分類群となっている．

ヤドカリ類は甲殻類でありながら，その体は軟弱なため巻貝の貝殻を身にまとうのを常とする．そのため貝殻は彼らにとってすみかとなるべき重要な資源である．この貝殻の貝種に対して彼らは好き嫌いをもっているのだろうか．その評価方法には 2 つある．ひとつはヤドカリ種が分布しているところに同所的にいる巻貝種の量に対して，そのヤドカリ種が宿として利用している貝殻種の量が多いか少ないかをみるという方法である．相対的に数が少ない巻貝種の殻を数多く利用しているなら，その巻貝種に対する好みが強いとみることができる．もうひとつは貝殻種に対する選択実験である．宿にしている貝殻を取り除いたヤドカリに，複数の巻貝種の殻を提供してどの巻貝種を宿にするかをみてみる．いずれの評価も，これまで国内外で，様々なヤドカリ種に対して行われており，ヤドカリは巻貝種に対して好みがあることがわかっている．しかし同じヤドカリ種であっても地域集団によって貝殻種への好みに違いはあるだろうか．2005年当時，この点に関する研究が全く知られていなかったので，海の生物の研究がしたいと私の研究室に入ってきた伊豆の漁師網元の御嬢さん長谷川洋美さんにこのテーマの研究をしてもらうことにした．対象種は日本の海岸に最も普通にみられるホンヤドカリ（口絵34）とし，比較する地域集団としては，分布北限に近い函館の海岸のものと，長谷川さんのご実家のある伊豆下田の海岸のものとした．卒業研究と修士研究の3年間を，長谷川さんは，奈良，伊豆下田，函館を何度も往き来して研究を進めたのである．

まず伊豆下田，函館それぞれの地域で，ホンヤドカリが実際に利用している貝殻種と，利用対象となる巻貝各種の生息量を調べた（Hasegawa *et al.*, 2009）．それぞれの地域でヤドカリ類を2000個体近く調べた結果，どちらの地域とも優占種はホンヤドカリであった．しかし利用している貝殻種は2つの地域間で全く異なっていた．函館のホンヤドカリが最も多く利用していたのはホソウミニナ *Batillaria attramentaria* で，伊豆下田のホンヤドカリが最も多く利用していたのはイシダタミ *Monodonta labio* form *confusa* であった．函館の海岸でのホソウミニナの生息量（生貝と死貝を合わせた数）と対比させても，ホンヤドカリのホソウミニナ利用率は高く，明らかにホソウミニナを好んで宿にしていることがうかがえた．これに対し，伊豆下田の場合は，ホンヤドカリが利用しているイシダタミの量は，イシダタミの生息量（生貝と死貝を合わせた数）と同程度であった．なお生息量が最も多かった巻貝種は，函館ではクボガイ *Chlorostoma lischkei*，伊豆下田ではアマオブネガイであったが，いずれの種もその生息量に比してホンヤドカリの利用率は低く，最も豊富に分布しているのにホンヤドカリには好まれない貝殻種であることがわかった．

函館でも伊豆下田でも，ホンヤドカリが好んで宿に利用している巻貝種とあまり好まない巻貝種がいることがわかったが，その貝殻種への好みは函館のホンヤドカリと伊豆下田のホンヤドカリの間で同じなのか，それとも地域間で違っているのだろうか．そこで比較的よく利用している2種の貝殻種に対する好

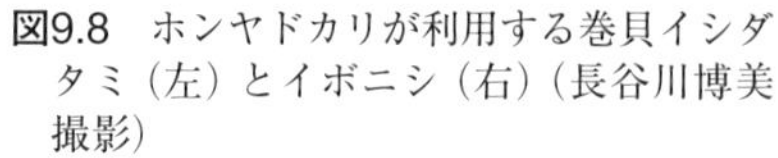

図9.8　ホンヤドカリが利用する巻貝イシダタミ（左）とイボニシ（右）（長谷川博美撮影）

みを，函館と伊豆下田のホンヤドカリで比較してみることにした（Hasegawa *et al.*, 2011）．取り上げた貝殻種は，両地域とも分布しているイシダタミとイボニシ *Thais clavigera* である．イシダタミは丸みがあるのに対し，イボニシは縦に長い形状をしている（図9.8）．貝殻のサイズも好みに影響するので，貝殻のサイズは最適なものを利用している個体に対して，その体サイズのホンヤドカリが最も好むサイズの貝殻を2種提供し，どちらの貝殻を選んだかをみてみるのである．ホンヤドカリの体サイズに応じた好みの貝殻サイズは，イシダタミ，イボニシそれぞれについて前もって求めておく．貝殻を選択させるホンヤドカリは，いずれかの種の貝殻を宿にしているので，選択させるために与える貝殻の数は，その個体が背負っている貝殻種は9個，背負っていない貝殻種は10個とした．例えば，イシダタミを背負ったホンヤドカリに貝殻種を選択させる場合は，そのヤドカリの体サイズに最適の大きさのイシダタミの殻を9個と，そのヤドカリの体サイズに最適の大きさのイボニシの殻を10個提供し，12～24時間後に，そのヤドカリが背負っていた貝殻種を特定した．この実験を，函館のホンヤドカリで44例，伊豆下田のホンヤドカリで20例について行ったところ，函館と伊豆下田で明らかに好みに違いがあることがわかった．具体的なデータをみてみよう．イシダタミを背負った函館のホンヤドカリは，イシダタミのほうを選んだのが34例だったのに対し，イボニシを選んだのは10例であった．同じく函館のホンヤドカリで，イボニシを背負った個体は，イシダタミを選んだのが30例に対し，イボニシを選んだのは14例であった．どちらの場合も函館のホンヤドカリは，イボニシよりもイシダタミのほうを好んでいた．これに対し，伊豆下田のホンヤドカリの場合，イシダタミを背負った個体がイシダタミを選んだのが6例で，イボニシを選んだのが14例あった．同じく伊豆下田のホンヤドカリで，イボニシを背負った個体がイシダタミを選んだのが1例で，イボニシを選んだのが19例であった．つまりどちらの場合も，伊豆下田のホンヤドカリは，函館のホンヤドカリとは逆に，イシダタミよりもイボニシのほうを好んでいた．

それではホンヤドカリの貝殻種への好みが函館と伊豆下田の間で異なっている理由は何であろう．長谷川さんは，ホンヤドカリが生息する潮間帯の夏季の温度ストレスに着目した．夏季昼間干潮時の岩面上温度は，函館で平均29.8度なのに対し，伊豆下田では平均37.4度と約7度の違いがあった．そこで高温（40度）に対する耐性をイシダタミに入ったホンヤドカリとイボニシに入ったホンヤドカリで比較したところ，その生存率はイボニシに入ったホンヤドカリのほうが，イシダタミに入ったホンヤドカリよりも明らかに高かったのである．一方で，一定サイズのホンヤドカリが好むサイズの貝殻の重量は，イシダタミよりもイボニシのほうが重いのである．宿にする殻が重いとそれだけヤドカリには負担が増えよう．重量による負担を考えれば，イボニシよりもイシダタミのほうが好適な宿であるが，温度ストレスの軽減という点ではイボニシのほうが好適な宿になるものとみられる．温度ストレスが大きくなる伊豆下田のホンヤドカリは，重量のストレスよりも温度ストレスを重視し，函館のホンヤドカリは，重量のストレスを重視した貝殻種への好みをもっているのかもしれない．

第10章

川と海を往き来するカニ

10-1　モクズガニの生態

淡水域と海水域をまたがって生活圏とするカニの代表ともいえるのがモクズガニ（口絵35）である．海水域から河川の上流近くまで分布するカニは，日本ではほかにない．同じイワガニ上科のオオヒライソガニ *Varuna litterata* やクロベンケイガニあるいはアカテガニ *Chiromantes haematocheir* は，河川の淡水域や水田にまでみられることがある種だが，いずれも海岸近くの淡水域に限られており，モクズガニのように河川の上流域までみられることはない．モクズガニは淡水域と海域をきれいに使い分けており，繁殖活動は海域で行われ，産出された幼生は河川河口近くに定着し，成長しながら河川を遡るのである．そして十分成長すると海のほうまで下って繁殖をするのである．このような回遊の仕方を両側回遊と呼ぶが，モクズガニ以外の淡水性エビ類（テナガエビ類やヌマエビ類）の多くも，繁殖には河口近くまで下るという回遊をしているものとみられている．

モクズガニの生態に関しては，小林　哲博士による数多くの研究がある．それによると，鹿児島では，成体が繁殖のために川から海へ下るのは秋から冬にかけてで，海域に入ってから卵巣が成熟し，そこで雌雄が交尾後，雌が抱卵する．抱卵雌が海域でみつかるのは大体９月から１月までとされる（小林・松浦，1991；Kobayashi and Matsuura, 1995）．交尾行動については，森田（1974）が詳しい観察をしている．長崎県五島列島の福江島の河川河口付近での観察によると，モクズガニの雌雄の交尾がみられるのは，10月から３月までで，特に１～２月に際立って多い．交尾が行われるのは潮間帯の上部付近で，満ち潮時に水面下で交尾が行われる．交尾時間は極めて長く，短いものでも37分，最も長いもので50分となっている．交尾前の求愛行動はみられないが，交尾後雄が雌に馬乗りになってガードする行動がみられる．このガードは４～６日も続くという．

春以降幼生が河口近くに定着し，成長しながら川を遡る．河口近くから上流域までの様々な地点で採集されたモクズガニの体長組成をみると，下流地点で小型個体が多く，上流地点で大型個体が出てくるということから，成長に伴う遡上が裏付けられる（小林・松浦，1991）．

北海道から沖縄までのモクズガニの遺伝的集団構造を解析したYamasaki *et al.* (2006) によると，日本のモクズガニは，小笠原諸島の集団が最も遺伝的に特化しており，琉球列島各地の集団が北海道・本州・四国・九州の集団と遺伝的に大きく違っていた．その後小笠原のモクズガニは，本土・琉球列島のモクズガニとは形態的にも識別される別種オガサワラモクズガニとなった（Komai *et al.*, 2006）．オガサワラモクズガニは，本土のモクズガニと違って，河川の渓流部に主に分布し，さらにサワガニのように陸域を徘徊するという興味深い観察がされている（小林・佐竹，2009）．

モクズガニは，河川の河口域から上流域まで幅広く分布するが，ダムがあるとそれを越えて分布することはない（浜野ほか，2000）．しかしダムのない河川ではおそらくオガサワラモクズガニのように，渓流域まで生息するものと思われるが，渓流域での本種の生態を調べた研究はまだない．しかしどのような河川でも本種は分布しているようで，紀伊半島にある19の河川で十脚甲殻類を調べた研究（浜崎ほか，2014）でも，記録された26種の十脚甲殻類のうち，全河川から記録されたのは，モクズガニとミナミテナガエビ *Macrobrachium formosense* だけであった．

10-2　大洪水とエビ・カニ

モクズガニを含め河川に生息している十脚甲殻類（いわゆるエビ・カニ）には，モクズガニと同様に両側回遊する種が多い．これら河川性のエビ・カニ類は，河川が洪水などで大きく撹乱されたときには，どのような影響を受けるものなのだろう．魚類については，研究例があり，洪水後に個体数は減少しても種数や漁獲量はそれほど大きくは変化しないとされている（Pires *et al.*, 2008）．一方で水生昆虫では，むしろ種数個体数とも大幅に減少する例が知られている（Lee and Bae, 2011）が，十脚甲殻類についての研究例はなかった．2011年９月

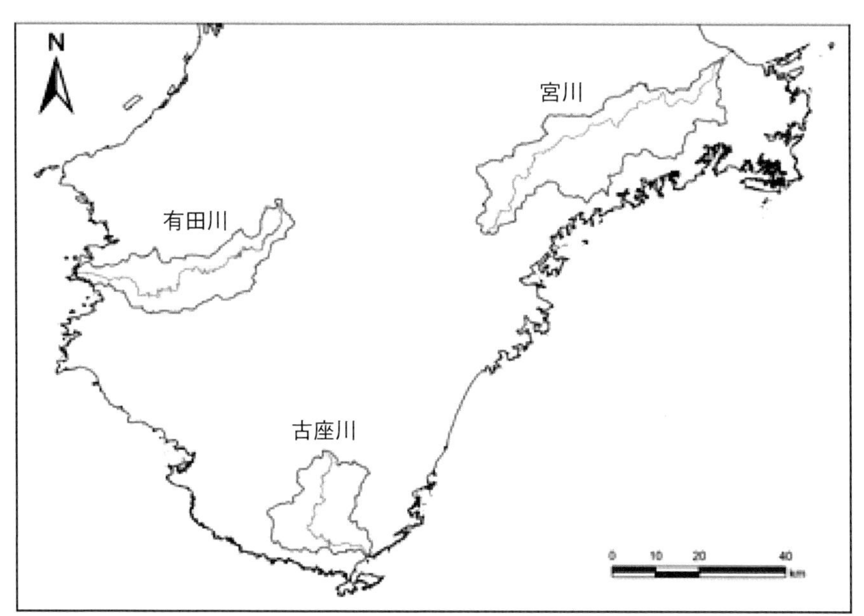

図10.1　台風による河川の大洪水が十脚甲殻類の分布に与えた影響をみるための調査を行った紀伊半島の3河川とその流域

２～４日に紀伊半島を襲った台風12号は，総雨量が1000 mmを超す豪雨をもたらし，紀伊半島の河川に記録的な大洪水（平水時の240～400倍の流量）を引き起こしたことはよく知られている．当時，私は奈良女子大学共生科学研究センターのプロジェクト研究の一環で紀伊半島の河川の生物調査を実施していたところで，この台風被害が河川生物に及ぶ影響をみることができる機会となった．和歌山県の有田川と古座川，それに三重県の宮川で（図10.1），下流部感潮域から上流域まで８地点を設けて，エビ・カニ類の定量的採集を，台風直前と台風後に実施し，大洪水がエビ・カニ類に与えた影響をみてみたのである（田中ほか, 2013）．ただし台風直前の調査は古座川だけで，有田川と宮川は，台風後の２回だけの実施であった．

調査を通して採集された十脚甲殻類はモクズガニを含むカニ類が10種，エビ類が13種であった．このうちカニ類の８種は，最下流地点の感潮域のみに出現したものである．まず河川全体での種数，個体数，多様性指数をみてみた（図10.2）．調査を洪水直前と洪水後５回実施している古座川では，種数・個体数ともに洪水直後に少し減少し，種数はその後回復するが，個体数は回復するま

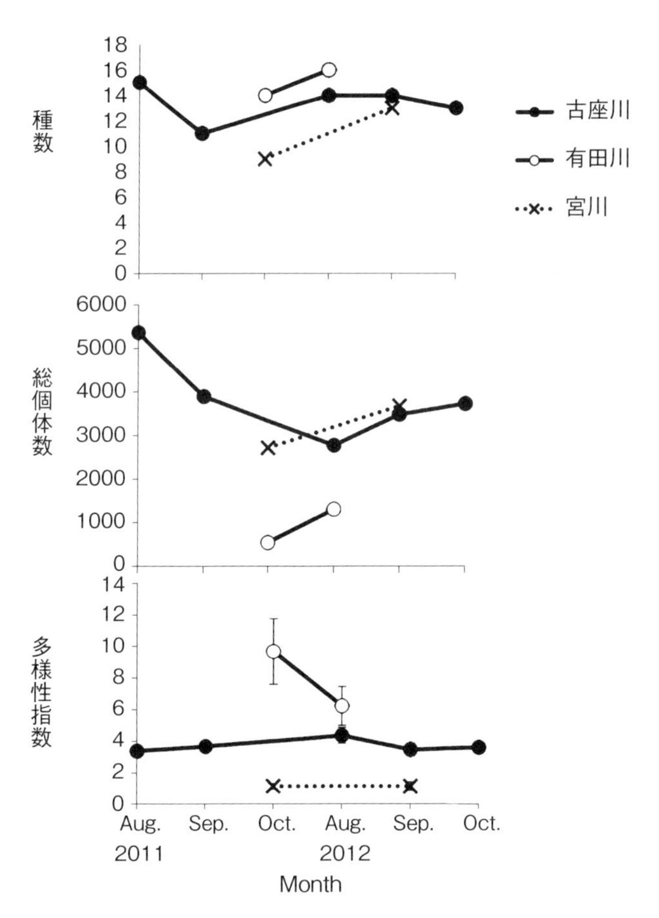

図10.2　古座川，有田川，宮川における十脚甲殻類の種数，総個体数，多様性指数の，大洪水直前（2011年８月）（古座川のみ）と大洪水以降の経時変化

でには至っていない．多様性指数は，洪水直前と洪水後とでほとんど変化はしていない．洪水直後と１年後に調査をしている有田川と宮川の場合は，種数・個体数とも，洪水１年後は洪水直後よりも増加していた．種ごとに個体数の経時変化をみてみると（図10.3），洪水直後に減少するものと，ほとんど変わらないものがあることがわかる．減少傾向を示したのは，ミゾレヌマエビ *Caridina leucosticta* とヌマエビ *Paratya compressa* で，ほとんど変わらないか，むしろ洪水直後に増加していたものに，モクズガニ，スジエビ *Palaemon paucidens*，ヒラテテナガエビ *Macrobrachium japonicum*，ミナミテナガエビがある．面白い

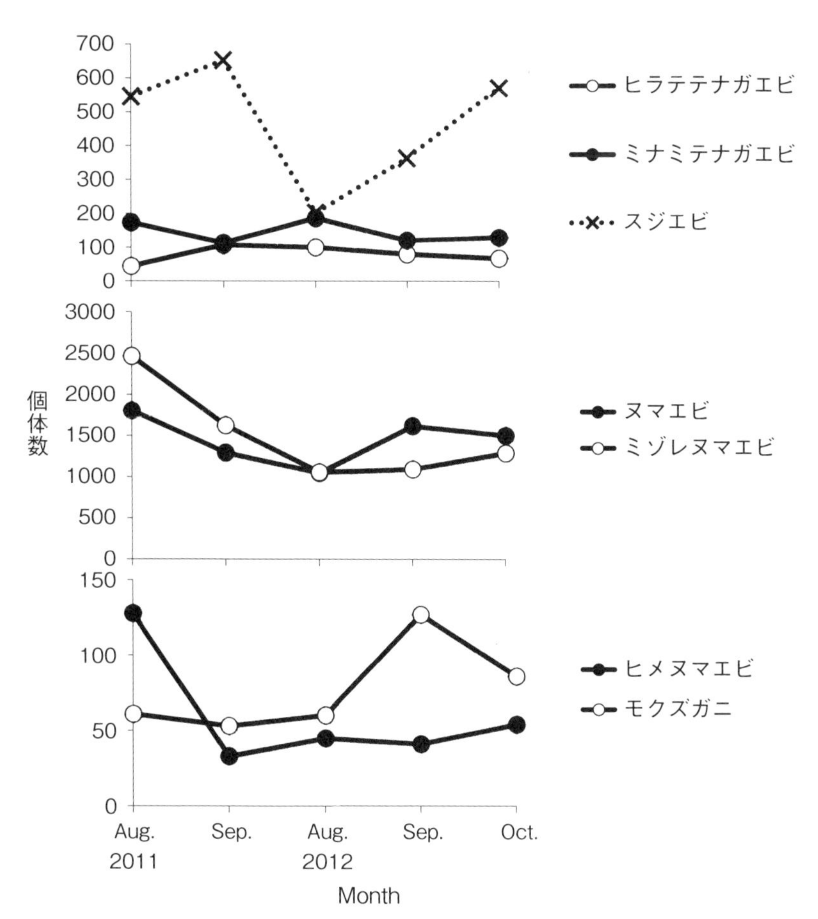

図10.3　古座川におけるテナガエビ類・ヌマエビ類各種の個体数の，大洪水直前（2011年8月）から大洪水以降の経時変化

ことに，減少傾向を示したのはヌマエビ科の種であるのに対し，洪水の影響をほとんど受けていないのは大型のテナガエビ科の種とモクズガニである．ヌマエビ科の種は比較的小型で，水際で浮遊していることが多いのに対し，テナガエビ科の種やモクズガニは底生性で川底の石下に隠れていること多い．このような生活型の違いが増水による影響の違いになっているものとみられる．底生性のこれらの種は，水際の干出域でも徘徊することは可能であり，増水時に水から出て陸域部に避難していることも考えられる．モクズガニは，洪水による個体数の減少がみられなかった種であるが，小型個体は影響を受けていたよう

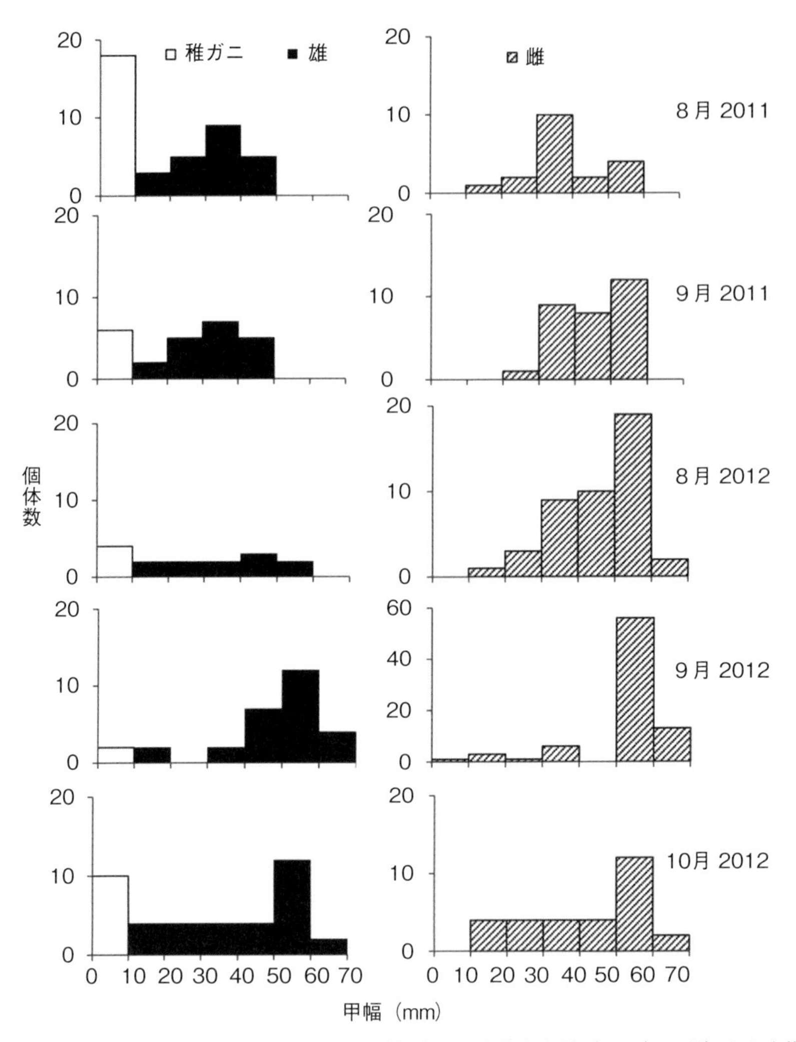

図10.4　古座川におけるモクズガニの体サイズ組成の，大洪水直前（2011年８月）から大洪水以降の経時変化

である．古座川で採れたモクズガニのサイズ組成をみると（図10.4），そのことがうかがえる．台風直前の８月には甲幅10 mm 以下の小型個体が相当数採れていたが，台風直後は，中大型個体はほとんど変化していないのに対して，小型個体は1/4近くに減少している．その結果翌年の本種の体サイズ組成は，大型個体に偏った特徴を示しているのである．

引用文献

Aizawa, N. (1998) Synchronous waving in an ocypodid crab, *Ilyoplax pusilla*: analyses of response patterns to video and real crabs. Marine Biology, 131: 523-532.

青木美鈴・今井秀行・和田恵次（2009）沖縄島におけるシオマネキの新生息地と遺伝的構造．日本ベントス学会誌，64: 10-14.

Aoki, M., Nakagawa, Y., Kawamoto, M. and Wada, K. (2012) Population divergence of the sentinel crab *Macrophthalmus banzai* is consistent with regional breeding season difference. Zoological Science, 29: 821-826.

Aoki, M., Naruse, T., Cheng, J.-H., Suzuki, H. and Imai, H. (2008) Low genetic variability in an endangered population of fiddler crab *Uca arcuata* on Okinawajima Island: analysis of mitochondrial DNA. Fisheries Science, 74: 330-340.

Aoki, M. and Wada, K. (2011) Comparison of mating behavior of the fiddler crab *Uca lactea* in relation to density. Crustacean Research, 40: 51-55.

Aoki, M. and Wada, K. (2013) Genetic structure of the wide-ranging fiddler crab *Uca crassipes* in the west Pacific region. Journal of the Marine Biological Association of the United Kingdom, 93: 789-795.

Aoki, M., Watanabe, Y., Imai, H., Kamada, M. and Wada, K. (2010) Interpopulation variations in life history traits in the fiddler crab *Uca arcuata*. Journal of Crustacean Biology, 30: 607-614,

Aotsuka, T., Suzuki, T., Moriya, T. and Inaba, A. (1995) Genetic differentiation in Japanese freshwater crab, *Geothelphusa dehaani* (White): isozyme variation among natural populations in Kanagawa Prefecture and Tokyo. Zoological Science, 12: 427-434.

荒木　晶・松浦修平（1995）サワガニの相対成長と生殖腺の成熟．日本水産学会誌，61: 510-517.

有元石太郎（1930）ダンスをするカニ．科学知識，10: 426-429.

Asama, H. and Yamaoka, K. (2009) Life history of the pea crab, *Pinnotheres sinensis*, in terms of infestation in the bivalve mollusk, *Septifer virgatus*. Marine Biodiversity Records, 2: e77.

Beinlich, V. B. and Polivka, R. (1989) Zur optischen und vibratorischen Balz von *Metaplax crenulata* (Gerstaecker, 1856) (Crustacea, Brachyura, Grapsidae). Zoologischer Anzeiger, 223 (3 / 4), S: 157-164.

Brockerhoff, A. M. and McLay, C. L. (2005a) Comparative analysis of the mating strategies in grapsid crabs with special reference to the intertidal crabs *Cyclograpsus lavauxi* and *Helice crassa* (Decapoda: Grapsidae) from New Zealand. Journal of Crustacean Biology, 25: 507-520.

Brockerhoff, A. M. and McLay, C. L. (2005b) Mating behaviour, female receptivity and male-male competition in the intertidal crab *Hemigrapsus sexdentatus* (Brachyura: Grapsidae). Marine Ecology Progress Series, 290: 179-191.

Cannici, S., Ritossa, S., Ruwa, R. K. and Vannini, M. (1996) Tree fidelity and hole fidelity in the tree crab *Sesarma leptosoma* (Decapoda, Grapsidae). Journal of Experimental

Marine Biology and Ecology, 196: 299–311.
Christy, J. H (1983) Female choice in the resource-defense mating system of the sand fiddler crab, *Uca pugilator*. Behavioral Ecology and Sociobiology, 12: 169–180.
Christy, J. H. and Rittschof, D. (2011) Deception in visual and chemical communication in crustaceans. In: Thiel, M. and Breithaupt, T. (eds) Chemical communication in crustaceans. Springer, Heidelberg, pp. 313–333.
Crane, J. (1957) Basic patterns of display in fiddler crabs (Ocypodidae, genus *Uca*). Zoologica, New York, 42: 69–82.
Crane, J. (1975) Fiddler crabs of the world. Princeton University Press, Princeton. 736 pp.
De Rivera, C. E., Backwell, P. R., Christy, J. H. and Vehrencamp, S. L. (2003) Density affects female and male mate searching in the fiddler crab, *Uca beebei*. Behavioral Ecology and Sociobiology, 53: 72–83.
Diesel, R. (1989) Parental care in an unusual environment: *Metopaulias depressus* (Decapoda: Grapsidae), a crab that lives in epiphytic bromeliads. Animal Behaviour, 38: 561–575.
Diesel, R. (1992a) Maternal care in the bromeliad crab, *Metopaulias depressus*: protection of larvae from predation by damselfly nymphs. Animal Behaviour, 43: 803–812.
Diesel, R. (1992b) Managing the offspring environment: brood care in the bromeliad crab, *Metopaulias depressus*. Behavioral Ecology and Sociobiology, 30: 125–134.
Diesel, R. and Schu, M. (1993) Maternal care in the bromeliad crab *Metopaulias depressus* (Decapoda) : maintaining oxygen, pH and calcium levels optimal for larvae. Behavioral Ecology and Sociobiology, 32: 11–15.
Evans, S. M., Cram, A., Eaton, K., Torrance, R. and Wood, V. (1976) Foraging and agonistic behavior in the ghost crab *Ocypode kuhlii* de Haan. Marine Behavior and Physiology, 4: 121–135.
Fellows, D. P. (1966) Zonation and burrowing behavior of the ghost crab *Ocypode ceratophthalmus* (Pallas) and *Ocypode laevis* Dana, in Hawaii. M.S.Thesis, University of Hawaii, Honolulu, 78 pp.
Fujishima, Y. and Wada, K. (2013) Allocleaning behavior by the sentinel crab *Macrophthalmus banzai*: a case of mutual cooperation. Journal of Ethology, 31: 219–221.
福田　靖（1980）カニ類幼生の浮遊期間の推定（1）. Calanus, 7: 9–12.
Fukui, Y. (1988) Comparative studies on the life history of the grapsid crabs (Crustacea, Brachyura) inhabiting intertidal cobble and boulder shores. Publications of the Seto Marine Biological Laboratory, 33: 121–162.
Fukui, Y. (1995) The effects of body size on mate choice in a grapsid crab, *Gaetice depressus* (Crustacea, Decapoda). Journal of Ethology, 13: 1–8.
福井康雄・和田恵次（1983）田辺湾南岸の異尾類・短尾類とその分布．南紀生物，25: 159–167.
Fukui, Y. and Wada, K. (1986) Distribution and reproduction of four intertidal crabs (Crustacea, Brachyura) in the Tonda River Estuary, Japan. Marine Ecology Progress Series, 30: 229–241.
風呂田利夫（1990）東京湾奥部におけるイッカククモガニ *Pyromaia tuberculata* の個体群構造．日本ベントス学会誌，39: 1–7.

Furota, T. (1996a) Life cycle studies on the introduced spider crab *Pyromaia tuberculata* (Lockington) (Brachyura: Majidae). I. Egg and larval stages. Journal of Crustacean Biology, 16: 71-76.

Furota, T. (1996b) Life cycle studies on the introduced spider crab *Pyromaia tuberculata* (Lockington) (Brachyura: Majidae). II. Crab stage and reproduction. Journal of Crustacean Biology, 16: 77-91.

風呂田利夫・古瀬浩史（1988）移入種イッカククモガニ *Pyromaia tuberculata* の日本沿岸における分布．日本ベントス研究会連絡誌，33/34: 75-78.

風呂田利夫・木下今日子（2004）東京湾における移入種イッカククモガニとチチュウカイミドリガニの生活史と有機汚濁による季節的貧酸素環境での適応性．日本ベントス学会誌，59: 96-104.

Furota, T., Watanabe, S., Watanabe, T., Akiyama, S. and Kinoshita, K. (1999) Life history of the Mediterranean green crab, *Carcinus aestuarii* Nardo, in Tokyo Bay, Japan. Crustacean Research, 28: 5-15.

Furukawa, F., Yamada, A., Ohata, M. and Wada, K. (2008) Geographical variation of barricade-building behaviour in the intertidal brachyuran crab *Ilyoplax pusilla*. Journal of the Marine Biological Association of the United Kingdom, 88: 967-973.

Fuseky, R. and Watanabe, S. (1993) Growth and reproduction of the spider crab, *Pugettia quadridens quadridens* (De Haan) (Brachyura: Majidae). Crustacean Research, 22: 75-81.

Gao, T., Tsuchida, S. and Watanabe, S. (1994) Growth and reproduction of *Rhynchoplax coralicola* Rathbun (Brachyura: Hymenosomatidae). Crustacean Research, 23: 108-116.

五嶋聖治（in press）北限のスナガニの季節的な砂浜利用パターン：啄木はスナガニに出会えたか？　日本ベントス学会誌.

Goshima, S., Koga, T. and Murai, M. (1996) Mate acceptance and guarding by male fiddler crabs *Uca tetragonon* (Herbst). Journal of Experimental Marine Biology and Ecology, 196: 131-143.

Goshima, S. and Murai, M. (1988) Mating investment of male fiddler crabs, *Uca lactea*. Animal Behaviour, 36: 1249-1251.

浜野龍夫・鎌田正幸・田辺　力（2000）徳島県における淡水産十脚甲殻類の分布と保全．徳島県立博物館研究報告，10: 1-47.

浜崎健児・山田　誠・青木美鈴・田中薫子・遊佐陽一・保　智己・和田恵次（2014）紀伊半島河川群における十脚甲殻類・水生昆虫・魚類の生息と流域環境との関連性評価．和田恵次（編），源流から河口域までの河川生態系と流域環境との連環構造－紀伊半島の河川群の比較より－. pp. 75-101, 奈良女子大学共生科学研究センター，奈良.

Hangai, R., Kitaura, J., Wada, K. and Fukui, Y. (2009) A new species of *Cyclograpsus* (Brachyura: Varunidae) from Japan, co-occurring with *C. intermedius* Ortmann, 1894. Crustacean Research, 38: 21-27.

Hara, M. and Ono, Y. (1976) The daily movement and the feeding activity of a sesarmid crab, *Sesarma erythrodactylum*, in the salt marshes. Publications from the Amakusa Marine Biological Laboratory, Kyushu University, 4: 21-40.

原田英司・川那部浩哉（1955）コメツキガニの行動と相互作用．日本生態学会誌，4: 162-165.

Hasegawa, H., Wada, S., Aoki, M. and Wada, K. (2009) Regional variation in shell utilization patterns of the hermit crab *Pagurus filholi*. Plankton and Benthos Research, 4: 72-76.

Hasegawa, H., Wada, S., Aoki, M. and Wada, K. (2011) Regional variation in preference for gastropod shell species in the hermit crab *Pagurus filholi*. Journal of the Marine Biological Association of the United Kingdom, 91: 893-896.

Hayasaka, I. (1935) The burrowing activities of certain crabs and their geologic significance. The American Midland Naturalist, 16: 99-103.

Henmi, Y. (1989) Factors influencing drove formation and foraging efficiency in *Macrophthalmus japonicus* (De Haan) (Crustacea: Ocypodidae). Journal of Experimental Marine Biology and Ecology, 131: 255-265.

Henmi, Y. (1992a) Mechanisms of cross-shore distribution pattern of the intertidal mud crab *Macrophthalmus japonicus*. Ecological Research, 7: 71-78.

Henmi, Y. (1992b) Annual fluctuation of life-history traits in the mud crab *Macrophthalmus japonicus*. Marine Biology, 113: 569-577.

Henmi, Y. (1993) Geographic variation in life-history traits of the intertidal ocypodid crab *Macrophthalmus banzai*. Oecologia, 96: 324-330.

Henmi, Y. (2000) Comparisons of life history traits among populations of the ocypodid crab *Macrophthalmus japonicus* in habitats with contrasting food availability. Crustacean Research, 29: 109-120.

Henmi, Y. and Kaneto, M. (1989) Reproductive ecology of three ocypodid crabs I. The influence of activity differences on reproductive traits. Ecological Research, 4: 17-29.

Henmi, Y., Koga, T. and Murai, M. (1993) Mating behavior of the sand bubbler crab *Scopimera globosa*. Journal of Crustacean Biology, 13: 736-744.

Henmi, Y. and Murai, M. (1999) Decalcification of vulvar operculum and mating in the ocypodid crab *Ilyoplax pusilla*. Journal of Zoology, London, 247: 133-137.

東　法彦・風呂田利夫（1996）東京湾小櫃川河口干潟におけるマメコブシガニ *Philyra pisum* De Haan の繁殖生態．千葉生物学会誌，45: 1-6.

細谷誠一・鹿谷法一・土屋　誠（1993）シオマネキ *Uca arcuata* の沖縄島からの記録．沖縄生物学会誌，31: 41-45.

Hughes, D. A. (1966) Behavioral and ecological investigation of the crab *Ocypode ceratophthalmus* (Crustacea: Ocypodidae). Journal of Zoology, London, 150: 129-143.

Hultgren, K. M., Thanh, P. D. and Sato, M. (2006) Geographic variation in decoration selectivity of *Micippa platipes* and *Tiarinia cornigera* in Japan. Marine Ecology Progress Series, 326: 235-244.

井口利枝子・田島正子・和田恵次（1997）吉野川河口域周辺におけるシオマネキとハクセンシオマネキの分布．徳島県立博物館研究報告，7: 69-79.

飯島明子・風呂田利夫（1990）外房・小湊の転石潮間帯におけるヒライソガニ *Gaetice deressus* (De Haan) の生活史（予報）．千葉大学理学部海洋生態研究センター年報，10: 25-28,

Imafuku, M., Habu, E. and Nakajima, H. (2001) Analysis of waving and sound-production display in the ghost crab, *Ocypode stimpsoni*. Marine and Freshwater Behavior and

Physiology, 34: 197-211.
今泉力蔵（1955）松川浦のカニ類．東北大學理學部地質學古生物學教室研究邦文報告．第45号，65-68，2 plts.
乾井貴美子（2002）サワガニ *Geothelphusa dehaani* の雄における鉗脚の左右不相称性の意義．2001年度奈良女子大学修士論文．
Islam, S. S. M., Mfilinge, P. L. and Tsuchiya, M. (2007) Bioturbation activity by the grapsid crab *Helice formosensis* and its effects on mangrove sedimentary organic matter. Estuarine, Coastal and Shelf Science, 73: 316-324.
Ismid, M., Suzuki, H. and Saisho, T. (1994) Occurrence of brachyuran larvae in the surf zone of Fukiage Beach, Kagoshima Prefecture, Japan I. families Grapsidae and Ocypodidae. Benthos Research, 46: 11-24.
Itani, G. (2001) Two types of symbioses between grapsid crabs and a host thalassinidean shrimp. Publications of the Seto Marine Biological Laboratory, 39: 129-137.
Izumi, D., Kawano, Y. and Henmi, Y. (2016) Experiments with claw models explain the function of the waving display of *Ilyoplax pusilla* (Brachyura: Dotillidae). Journal of Ethology, 34: 9-14.
Jones, D. A. (1972) Aspects of the ecology and behaviour of *Ocypode ceratophthalmus* (Pallas) and *O. kuhlii* de Haan (Crustacea: Ocypodidae). Journal of experimental marine Biology and Ecology, 8: 31-43.
上田常一（1942）朝鮮産甲殻十脚類の研究 第一報 蟹類．289pp, 朝鮮水産会，京城.
上田常一（1963）山陰地方（隠岐群島を含む）及びその付近海域のカニ類について．甲殻類の研究，1: 20-31.
Kanaya, G., Takagi, S. and Kikuchi, E. (2008) Dietary contribution of the microphytobenthos to infaunal deposit feeders in an estuarine mudflat in Japan. Marine Biology, 155: 543-553.
Kasatani, A., Wada, K., Yusa, Y. and Christy, J. H. (2012) Courtship tactics by male *Ilyoplax pusilla* (Brachyura, Dotillidae). Journal of Ethology, 30: 69-74.
河内 敦・笹嶋悠達・入江光輝・成瀬 貫・石川忠晴（2006）石垣島アンパル干潟におけるカニ類優占２種の繁殖時期の推定及び幼生放出．海岸工学論文集，53: 1051-1055.
Kawaida, S., Kimura, T. and Toyohara, H. (2013) Habitat segregation of two dotillid crabs *Scopimera globosa* and *Ilyoplax pusilla* in relation to their cellulose activity on a marsh-dominated estuarine tidal flat in central Japan. Journal of Experimental Marine Biology and Ecology, 449: 93-99.
Kawamoto, M., Wada, K., Kawane, M. and Kamada, M. (2012) Population subdivision of the brackish-water crab *Deiratonotus cristatus* on the Japanese coast. Zoological Science, 29: 21-29.
川根昌子・和田恵次（2015）汽水性希少カニ類タイワンヒライソモドキ *Ptychognathus ishii* Sakai, 1939（モクズガニ科）の日本沿岸における遺伝的集団構造．日本ベントス学会誌，70: 13-20.
Kawane, M., Wada, K., Kitaura, J., and Watanabe, K. (2005) Taxonomic re-examination of the two camptandriid crab species *Deiratonotus japonicus* (Sakai, 1934) and *D. tondensis* Sakai, 1983, and genetic differentiation among their local populations.

Journal of Natural History, 39: 3903–3918.
Kawane, M., Wada, K., Umemoto, A. and Miura, T. (2012) Genetic population structure and life history characteristics of the rare brackish-water crab *Deiratonotus kaoriae* Miura, Kawane and Wada, 2007 (Brachyura: Camptandriidae) in western Japan. Journal of Crustacean Biology, 32: 119–125.
Kawane, M., Wada, K. and Watanabe, K. (2008) Comparison of genetic population structures in four intertidal brachyuran species of contrasting habitat characteristics. Marine Biology, 156: 193–203.
Kawano, Y. and Henmi, Y. (2016) Female preference for large waving claws in the dotillid crab *Ilyoplax pusilla*. Journal of Ethology, 34: 255–261.
木船悌嗣・古賀庸憲（1996）福岡県東部沿岸産コメツキガニに寄生する微小二生吸虫 *Gynaecotyla squatarolae* の被嚢幼虫．長崎県生物学会誌，47: 51–54.
岸野　底・木邑聡美・唐澤恒夫・國里美樹・酒野光世・野元彰人・和田恵次（2010）汽水性希少カニ類クマノエミオスジガニ *Deiratonotus kaoriae* とアリアケモドキ *D. cristatus*（ムツハアリアケガニ科）の三重県櫛田川河口域における出現状況．日本ベントス学会誌，65: 6–9.
Kishino, T., Yonezawa, T. and Wada, K. (2011) A rare macrophthalmine crab, *Euplax letophthalmus* H. Milne Edwards, 1852 (Decapoda, Brachyura, Macrophthalmidae) from Amami-Oshima Island, Ryukyu Islands, southern Japan. Crustacean Research, 40: 13–20.
Kitaura, J., Nishida, M. and Wada, K. (2006) The evolution of social behaviour in sentinel crabs (*Macrophthalmus*): implications from molecular phylogeny. Biological Journal of the Linnean Society, 88: 45–59.
Kitaura, J. and Wada, K. (2004) Allocleaning, fighting, waving and mating behavior in sentinel crabs (Brachyura: Ocypodoidea: *Macrophthalmus)*. Crustacean Research, 33: 72–91.
北浦　純・和田恵次（2005）オサガニ類（スナガニ上科）における捕食・腐食行動．沖縄生物学会誌，43: 71–73.
Kitaura, J. and Wada, K. (2006) Evolution of waving display in brachyuran crabs of the genus *Ilyoplax*. Journal of Crustacean Biology, 26: 455–462.
Kitaura, J., Wada, K. and Nishida, M. (1998) Molecular phylogeny and evolution of unique mud-using territorial behavior in ocypodid crabs (Crustacea: Brachyura: Ocypodidae). Molecular Phylogeny and Evolution, 15: 626–637.
Kitaura, J., Wada, K. and Nishida, M. (2002) Molecular phylogeny of grapsoid and ocypodoid crabs with special reference to the genera *Metaplax* and *Macrophthalmus*. Journal of Crustacean Biology, 22: 682–693.
Kobayashi, C. and Kato, M. (2003) Sex-biased ectosymbiosis of a unique cirripede, *Octolamis unguisiformis* sp. nov., that resembles the chelipeds of its host crab, *Macrophthalmus milloti*. Journal of the Marine Bioloigcal Association of the United Kingdom, 83: 925–930.
小林　哲・松浦修平（1991）鹿児島県神之川におけるモクズガニの流程分布．日本水産学会誌，57: 1029–1034.
Kobayashi, S. and Matsuura, S. (1995) Maturation and oviposition in the Japanese

mitten crab *Eriocheir japonicus* (De Haan) in relation to their downstream migration. Fisheries Science, 61: 766–775.
小林　哲・佐竹　潔（2009）小笠原諸島父島の河川におけるオガサワラモクズガニとカニ類の分布様式．陸水学雑誌，70: 209–224.
Koga, T. (1995) Movement between microhabitats depending on reproduction and life history in the sand-bubbler crab *Scopimera globosa*. Marine Ecology Progress Series, 117: 65–74.
Koga, T. (2008) A trematode infection with no effect on reproductive success of a sand-bubbler crab. Ecological Research, 23: 557–563.
Koga, T., Backwell, P. R. V., Jennions, M. D. and Christy, J. H. (1998) Elevated predation risk changes mating behaviour and courtship in a fiddler crab. Proceedings of the Royal Society of London Series B, 265: 1385–1390.
Koga, T., Henmi, Y. and Murai, M. (1993) Sperm competition and the assurance of underground copulation in the sand-bubbler crab *Scopimera globosa* (Brachyura: Ocypodidae). Journal of Crustacean Biology, 13: 134–137.
Koga, T. and Ikeda, S. (2010) Perceived predation risk and mate defense jointly alter the outcome of territorial fights. Behavioral Ecology and Sociobiology, 64: 827–833.
Koga, T. and Murai, M. (1997) Size-dependent mating behaviours of male sand-bubbler crab, *Scopimera globosa*: alternative tactics in the life history. Ethology, 103: 578–587.
Koga, T., Murai, M., Goshima, S. and Poovachiranon, S. (2000) Underground mating in the fiddler crab *Uca tetragonon*: the association between female life history traits and male mating tactics. Journal of Experimental Marine Biology and Ecology, 248: 35–52.
Koga, T., Murai, M. and Yong, H-S. (1999) Male-male competition and intersexual interactions in underground mating of the fiddler crab *Uca paradussumieri*. Behaviour, 136: 651–667.
Komai, T., Yamasaki, I., Kobayashi, S., Yamamoto, T. and Watanabe, S. (2006) *Eriocheir ogasawaraensis* Komai, a new species of mitten crab (Crustacea: Decapoda: Brachyura: Varunidae) from the Ogasawara Islands, Japan, with notes on the systematics of *Eriocheir* De Haan, 1835. Zootaxa, 1168:1–20.
Kosuge, T. (1993) Molting and breeding cycles of the rock-dwelling ocypodid crab *Macrophthalmus boteltobagoe* (Sakai, 1939) (Decapoda, Brachyura). Crustaceana, 64: 56–65.
Kosuge, T. (1999) Droving in *Ilyoplax deschampsi* (Brachyura: Ocypodidae). Crustacean Research, 28: 1–4.
Kosuge, T. and Itani, G. (1994) A record of the crab associated bivalve, *Pseudopythina macrophthalmensis* from Iriomote Island, Okinawa, Japan. Venus, 53: 241–244,
Kosuge, T., Murai, M. and Nishihira, M. (1992) Dusk-copulation of the rock-dwelling ocypodid, *Ilyoplax integra* (Brachyura). Journal of Ethology, 10: 53–61.
上月康則・倉田健悟・村上仁士・鎌田磨人・上田薫利・福崎　亮（2000）スナガニ類の生息場からみた吉野川汽水域干潟・ワンドの環境評価．海岸工学論文集，47: 1116–1120.
Kurihara, Y. and Okamoto, K. (1987) Cannibalism in a grapsid crab, *Hemigrapsus*

penicillatus. Marine Ecology Progress Series, 41: 123–127.
Kurihara, Y., Sekimoto, K. and Miyata, M. (1988) Wandering behaviour of the mud-crab *Helice tridens* related to evasion of cannibalism. Marine Ecology Progress Series, 49: 41–50.
Kuroda, M., Wada, K. and Kamada, M. (2005) Factors influencing coexistence of two brachyuran crabs, *Helice tridens* and *Parasesarma plicatum*, in an estuarine salt marsh, Japan. Journal of Crustacean Biology, 25: 146–153.
桑原友春・林　成多（2014）島根県におけるマメアカイソガニの記録．ホシザキグリーン財団研究報告特別号，13: 13–18.
桑村哲生（1976）白浜付近の枝状サンゴ（ミドリイシ類）の枝間にみられる魚類の季節的消長．南紀生物，25: 159–167.
桑村哲生（1980）南紀白浜の沿岸岩礁地帯における魚類の出現季節．魚類学雑誌，27: 243–248.
Kyomo, J. (1986) Reproductive activities in the sesarmid crab *Sesarma intermedia* in the coastal and estuarine habitats of Hakata, Japan. Marine Biology, 91: 319–329.
Kyomo, J. (1999) Feeding patterns, habitat and food storage in *Pilumnus vesperilio* (Brachyura: Xanthidae). Bulletin of Marine Science, 65: 381–389.
Kyomo, J. (1992) Variations in the feeding habits of males and females of the crab *Sesarma intermedia*. Marine Eology Progress Series, 83: 151–155.
Kyomo, J. (2000) Intraspecific variation of reproductive strategies of the crab *Sesarma intermedia*: a consequence of habitat variations. Bulletin of Marine Science, 66: 157–171.
Kyomo, J. (2001) Reproductive behavior of the play-dead hairy *Pilumnus vespertilio* (Crustacea: Brachyura: Pilumnidae) with respect to carapace size. Bulletin of Marine Science, 68: 37–46.
Lee, H. G. and Bae, Y. J. (2011) Recovery of aquatic insect communities after a catastrophic flood in a Korean stream. Animal Cells and Systems, 15: 169–177.
Lohrer, A. M., Whitlatch, R. B., Wada, K. and Fukui, Y. (2000a) Home and away: comparison of resource utilization by a marine species in native and invaded habitats. Biological Invasions, 2: 41–57.
Lohrer, A. M., Fukui, Y., Wada, K. and Whitlatch, R. B. (2000b) Structural complexity and vertical zonation of intertidal crabs, with focus on habitat requirements of the invasive Asian shore crab, *Hemigrapsus sanguineus* (de Haan). Journal of Experimental Marine Biology and Ecology, 244: 203–217.
真野　泉・堂浦　旭・大森浩二・柳沢康信（2008）四国太平洋岸に共存するスナガニ属3種の季節的な分布パターンおよび食性．日本ベントス学会誌，63: 2–10.
Matsumasa, M. and Murai, M. (2005) Changes in blood glucose and lactate levels of male fiddler crabs: effects of aggression and claw waving. Animal Behaviour, 69: 569–577.
Mendoza, J. C. E. and Ng, P. K. L. (2007) *Macrophthalmus* (*Euplax*) H. Milne Edwards, 1852, a valid subgenus of ocypodoid crab (Decapoda: Brachyura: Macrophthalmidae), with description of a new species from the Philippines. Journal of Crustacean Biology, 27: 670–680.

Meziane, T., Sanabe, M. C. and Tshuchiya, M. (2002) Role of fiddler crabs of a subtropical intertidal flat on the fate of sedimentary fatty acids. Journal of Experimental Marine Biology and Ecology, 270: 191–201.

Mia, M. Y., Shokita, S., Shinzato, K. and Kinjo, M. (1999) Feeding habits of the grapsid crab, *Helice leachi* Hess, under laboratory conditions. Bulletin of the Faculty of Science, University of the Ryukyus, 68: 31–44.

Mia, Y., Shokita, S. and Watanabe, S. (2001) Stomach contents of two grapsid crabs, *Helice formosensis* and *Helice leachi*. Fisheries Science, 67: 173–175.

Miura, T., Kawane, M. and Wada, K. (2007) A new species of *Deiratonotus* (Crustacea: Brachyura: Camptandriidae) found in the Kumanoe River Estuary, Kyushu, Japan. Zoological Science, 24: 1045–1050.

Miyajima, A., Fukui, Y. and Wada, K. (2012) Agonistic and mating behavior in relation to chela features in *Hemigrapsus takanoi* and *H. sinensis* (Brachyura, Varunidae). Crustacean Research, 41: 47–58.

Miyajima, A. and Wada, K. (2015) Is the setal patch on the chela of *Hemigrapsus takanoi* and *Hemigrapsus sinensis* (Crustacea, Brachyura, Varunidae) advantageous in fighting and mating? Ethology, 121: 1–10.

Montague, C. L. (1980) A natural history of temperate western Atlantic fiddler crabs (genus *Uca*) with reference to their impact on the salt marsh. Contributions in Marine Science, 23: 25–55.

Moriito, M. and Wada, K. (2000) The presence of neighbors affects waving display frequency by *Scopimera globosa* (Decapoda, Ocypodidae). Journal of Ethology, 18: 43–45.

森田豊彦（1974）モクズガニ *Eriocheir japonica* De Haan の交尾習性について．甲殻類の研究，6: 31–47.

Murai, M. (1992) Courtship activity of wandering and burrow-holding male *Uca arcuata*. Ethology, 92: 124–134.

Murai, M. and Backwell, P. R. Y. (2006) A conspicuous courtship signal in the fiddler crab *Uca perplexa*: female choice based on display structure. Behavioral Ecology and Sociobiology, 60: 736–741

Murai, M., Backwell, P. R. Y. and Jennions, M. D. (2009) The cost of reliable signaling: experimental evidence for predictable variation among males in a cost-benefit trade-off between sexually selected traits. Evolution, 63–9: 2363–2371.

Murai, M., Goshima, S. and Henmi, Y. (1987) Analysis of mating system of the fiddler crab, *Uca lactea*. Animal Behaviour, 36: 1249–1251.

Murai, M., Goshima, S., Kawai, K. and Yong, H-S. (1996) Pair formation in the burrows of the fiddler crab *Uca rosea* (Decapoda: Ocypodidae). Journal of Crustacean Biology, 16: 522–528.

Murai, M., Goshima, S. and Nakasone, Y. (1982) Some behavioral characteristics related to food supply and soil texture of burrowing habitats observed on *Uca vocans vocans* and *U. lactea perplexa*. Marine Biology, 66: 191–197.

Murai, M., Goshima, S. and Nakasone, Y. (1983) Adaptive droving behavior observed in the fiddler crab *Uca vocans vocans*. Marine Biology, 76: 159–164.

Murai, M., Koga, T., Goshima, S. and Poovachiranon, S. (1995) Courtship and the evolution of underground mating in *Uca tetragonon* (Decapoda: Ocypodidae). Journal of Crustacean Biology, 15: 655-658.

Murai, M., Koga, T. and Yong, H-S. (2002) The assessment of female reproductive state during courtship and scramble competition in the fiddler crab, *Uca paradussumieri*. Behavioral Ecology and Sociobiology, 52: 137-142.

Murakami, Y. and Wada, K. (2015) Inter-populational variations in body color related to growth stage and sex in *Gaetice depressus* (De Haan, 1835) (Decapoda, Brachyura, Varunidae). Crustaceana, 88: 113-126.

Muramatsu, D. (2011a) For whom the male waves: four types of claw-waving display and their audiences in the fiddler crab, *Uca lactea*. Journal of Ethology, 29: 3-8.

Muramatsu, D. (2011b) The function of the four types of waving display in *Uca lactea*: effects of audience, sand structure, and body size. Ethology, 117: 408-415.

Nagahashi, R., Kitaura, J., Kawane, M., Wada, K. and Do Van Nhuong (2007) The rare shore crab *Pseudogelasimus loii* (Brachyura, Thoracotremata) rediscovered in Vietnam and genetic support for its assignment in the family Dotillidae. Crustacean Research, 36: 37-44.

Nakajima, K. and the late Masuda, T. (1985) Identification of local populations of freshwater crab *Geothelphusa dehaani* (White). Bulletin of the Japanese Society of Scientific Fisheries, 51: 175-181.

中岡由起子・和田恵次（2014）礫浜の希少カニ類マメアカイソガニの地理的分布と生息場所特性．地域自然史と保全，36: 109-114.

Nakasone, Y. (1982) Ecology of the fiddler crab *Uca* (*Thalassuca*) *vocans vocans* (Linnaeus) (Decapoda: Ocypodidae) I. Daily activity in warm and cold seasons. Research on Population Ecology, 24: 97-109.

仲宗根幸男・赤嶺智子（1981）ミナミコメツキガニの生殖周期と稚ガニの成長．沖縄生物学会誌，19: 17-23.

Nakasone, Y., Akamine, H. and Asato, K. (1983) Ecology of the fiddler crab *Uca vocans vocans* (Linnaeus) (Decapoda: Ocypodidae) II. Relation between the mating system and the drove. Galaxea, 2: 119-133.

仲宗根幸男・川　和代（1983）オキナワハクセンシオマネキの日周活動と有機窒素摂取量．琉球大学教育学部紀要，26: 55-64.

Nakasone, Y. and Murai, M. (1998) Mating behavior of *Uca lactea perplexa* (Decapoda: Ocypodidae). Journal of Crustacean Biology, 18: 70-77.

Nakasone, Y., Ono, Y. and Goshima, S. (1983) Daily activity and food consumption of the sesarmid crab *Chasmagnathus convexus* (Decapoda, Brachyura). Bulletin of College of Education, University of the Ryukyus, 26: 37-53.

Nakayama, M. and Wada, K. (2015a) Life history and behavior of a rare brackish-water crab, *Ilyograpsus nodulosus* (Sakai, 1983) (Macrophthalmidae). Crustacean Research, 44: 11-19.

Nakayama, M. and Wada, K. (2015b) Effect of size on fighting and mating in a brachyuran crab with female-biased size dimorphism, *Ilyograpsus nodulosus* (Macrophthalmidae). Journal of Crustacean Biology, 35: 763-767.

Nara, Y., Kitaura, J. and Wada, K. (2006) Comparison of social behaviors among six grapsoid species (Brachyura) of different habitat conditions. Crustacean Research, 35: 56–66.
西村　剛・鈴木惟司（1997）小山町および御殿場市周辺域（静岡県および神奈川県）におけるサワガニ体色変異集団の分布．神奈川自然誌資料，18: 63–72.
野元彰人・岸野　底・木邑聡美（2008）基産地以外で初めて記録された汽水性希少カニ類クマノエミオスジガニ（ムツハアリアケガニ科）．南紀生物，50: 98–102.
Ohata, M. and Wada, K. (2006) Do earthen structures more often deter barricade building species than non-building species in crabs of the family Dotilldae (Brachyura, Ocypodoidea)? Crustaceana, 79: 285–291.
Ohata, M. and Wada, K. (2008a) The effect of neighbors' sex on waving frequency by male *Ilyoplax pusilla* (Brachyura: Dotillidae). Journal of Crustacean Biology, 28: 216–219.
Ohata, M. and Wada, K. (2008b) Is barricade building linked to pair formation in the dotillid crab *Ilyoplax pusilla*? Crustacean Research, 37: 63–66.
Ohata, M. and Wada, K. (2009) Are females of *Ilyoplax pusilla* (Brachyura: Dotillidae) attracted to groups having more waving males? Journal of Ethology, 27: 191–194.
Ohata, M., Wada, K. and Koga, T. (2005) Waving display by male *Scopimera globosa* (Brachyura: Ocypodoidea) as courtship behavior. Journal of Crustacean Biology, 25: 637–639.
大野恭子・和田恵次・鎌田磨人（2006a）河口域塩性湿地に生息する稀少カニ類シオマネキの生息場所利用．日本ベントス学会誌，61: 8–15.
大野恭子・和田恵次・鎌田磨人（2006b）シオマネキの分布に対するヨシの影響．日本ベントス学会誌，61: 21–25.
岡本一利・栗原　康（1987）ケフサイソガニの個体群構造の季節的変化について．日本生態学会誌，37: 81–89.
岡本一利・栗原　康（1989）ケフサイソガニの食性と食物選択．日本生態学会誌，39: 195–202
Okano, T., Suzuki, H and Miura, T. (2000) Comparative biology of two Japanese freshwater crabs *Geothelphusa exigua* and *G. dehaani* (Decapoda, Brachyura, Potamidae). Journal of Crustacean Biology, 20: 299–308.
奥井智子・和田恵次（1999）潮間帯転石地に生息するカニ類の分布と食性．南紀生物，41: 31–36.
Omori, K., Shiraishi, K. and Hara, M. (1997) Life histories of sympatric mud-flat crabs, *Helice japonica* and *H. tridens* (Decapoda: Grapsidae), in a Japanese estuary. Journal of Crustacean Biology, 17: 279–288.
Ono, Y. (1958) The ecological studies on Brachyura in the estuary. Bulletin of the Marine Biological Station of Asamushi, Tohoku University, 9: 145–148.
小野勇一（1960）チゴガニの個体間の相互関係（II）—集団の高密度調節機構について—．日本生態学会誌，10: 161–168.
Ono, Y. (1962) On the habitat preference of ocypoid crabs I. Memoirs of the Faculty of Science, Kyushu University, Series E (Biology), 3: 143–163.
Ono, Y. (1965) On the ecological distribution of ocypoid crabs in the estuary. Memoirs

of the Faculty of Science, Kyushu University, Series E (Biology), 4: 1–60.
大島和雄（1963）北海道有珠湾の生態学的研究　第１報　底質と採集動物．水産庁北海道区水産研究所研究報告，27: 32–51.
大島恭子・福井康雄・和田恵次（1994）サワガニの個体間関係に関する室内観察．陸水生物学報，9: 9–17.
Otani, T., Yamaguchi, T. and Takahashi, T. (1997) Population structure, growth and reproduction of the fiddler crab, *Uca arcuata* (De Haan). Crustacean Research, 26: 109–124.
小関祥子・富岡　宏・三浦知之（2014）一ッ葉入江に生息するフタハピンノの生活史について．日本ベントス学会誌，69: 40–50.
Pillay, K. K. and Ono, Y. (1978) The breeding cycles of two species of grapsid crabs (Crustacea: Decapoda) from the north coast of Kyushu, Japan. Marine Biology, 45: 237–248.
Pires, A. M., Magalhães, M. F., Moreira da Costa, L., Alves, M. J. and Coelho, M. M. (2008) Effects of an extreme flash flood on the native fish assemblage across a Mediterranean catchment. Fisheries Management and Ecology, 15: 49–58.
Pope, D. S. (2000) Testing function of fiddler crab claw waving by manipulated social context. Behavioral Ecology and Sociobiology, 47: 432–437.
Sakagami, M., Miyajima, A., Wada, K. and Kamada, M. (2015) Claw-waving behavior by male *Uca lactea* (Brachyura, Ocypodidae) in vegetated and un-vegetated habitats. Journal of Crustacean Biology, 35: 155–158.
酒井　恒（1976）日本産蟹類．３巻，461 pp.（日本語版），773 pp.（英語版），251 pp.（図版），講談社，東京．
酒田市立酒田中央高等学校第一理科部（1968）山形庄内海岸におけるスナガニ（*Ocypode stimpsoni* Ortmann）の生態．山形県酒田市立酒田中央高等学校研究収録，1: 43–64.
Salmon, M. (1984) The courtship, aggression and mating system of a "primitive" fiddler crab (*Uca vocans*: Ocypodidae). Transactions of the zoological Society of London, 37: 1–50.
Samson, S. A., Yokota, M., Strüssmann, C. A. and Watanabe, S. (2007) Natural diet of grapsoid crab *Plagusia dentipes* de Haan (Decapoda: Brachyura: Plagusiidae) in Tateyama Bay, Japan. Fisheries Science, 73: 171–177.
佐々木仁美・和田恵次（1997）ハクセンシオマネキの分布形成に関する野外実験．南紀生物，39: 113–118.
Sato, M. and Wada K. (2000) Resource utilization for decorating in three intertidal majid crabs (Brachyura: Majidae). Marine Biology, 137: 705–714.
Serène, R. (1981) Trois nouvelles especes de Brachyoures (Crustacea, Decapoda) provenant de la baie de Nhatrang (Vietnam). Bulletin de Musèum national de'Histoire naturelle, Paris, 4e, sèrie 3, section A, 4: 1127–1138.
Shigemiya, Y. (2003) Does the handedness of the pebble crab *Eriphia smithii* influence its attack success on two dextral snail species? Journal of Zoology, 260: 259–265.
信貴真啓・古賀庸憲・木船悌嗣（2005）和歌山市の干潟に棲息するカニ類５種における二生吸虫類被嚢幼虫の寄生状況．南紀生物，47: 33–36,
Shih, H.-T., Komai, T. and Liu, M.-Y. (2013) A new species of fiddler crab from the

Ogasawara (Bonin) Islands, Japan, separated from the widely-distributed sister species *Uca* (*Paraleptuca*) *crassipes* (White, 1847) (Crustacea: Brachyura: Ocypodidae). Zootaxa, 3746: 175–193.
Shih, H.-T., Ng, P. K. L., Wong, K. J. H. and Chan, B. K. K. (2012) *Gelasimus splendidus* Stimpson, 1858 (Crustacea: Brachyura: Ocypodidae), a valid species of fiddler crab from the northern South China Sea and Taiwan Strait. Zootaxa, 3490: 30–47.
締次美穂（2013）三重県におけるマメアカイソガニの記録．南紀生物，55: 159–162.
下司宙子・和田恵次（1995）サワガニの分布―季節・性・体サイズと関連させて―．陸水生物学報，10: 18–25.
Smith, T. J., III, Boto, K. G., Frusher, S. D. and Giddins, R. L. (1991) Keystone species and mangrove forest dynamics: the influence of burrowing by crabs on soil nutrient status and forest productivity. Estuarine, Coastal and Shelf Science, 33: 419–432.
Stachowicz, J. J. and Hay, M. E. (2000) Geographic variation in camouflage specialization by a decorator crab. The American Naturalist, 156: 59–71.
菅原恭一・蒲生重男 (1984) 本州南部および四国におけるサワガニ *Geothelphusa dehaani* (White) の地方集団の分化について．日本生物地理学会会報，39: 33–37.
杉浦靖夫・杉田昭夫・木原正光（1960）アサリ養殖における有害動物としてのカクレガニの生態—I．アサリ *Tapes japonica* に共生するオオシロピンノ *Pinnotheres sinensis* の生態とアサリの身入りにおよぼす影響．日本水産学会誌，26: 89–94.
杉山幸丸（1961）コメツキガニの密度と社会形態の変化．生理生態，10: 10–17.
Sultana, Z., Takaoka, J. and Koga, T. (2013) Resource value differentially affects fighting success between reproductive and non-reproductive seasons. Journal of Ethology, 31: 203–209.
Suzuki, H. (1983) Studies on the life history of sand bubble crab, *Scopimera globosa* He Haan, at Tomioka Bay, west Kyushu – I Seasonal change of population structure. Memoirs of the Faculty of Fisheries, Kagoshima University, 32: 55–69.
Suzuki, H and Kikuchi, T. (1990) Spatial distribution and recruitment of pelagic larvae of sand bubbler crab, *Scopimera globosa*. La mer, 28: 172–179.
Suzuki, H. and Tsuda, E. (1994) A new freshwater crab of the genus *Geothelphusa* (Crustacea: Decapoda: Brachyura: Potamidae) from Kagoshima Prefecture, southern Kyushu, Japan. Proceedings of the Biological Society of Washington, 107: 318–324.
鈴木廣志・矢野香織・大園隆仁・三浦　要・三浦知之（2003）宮崎市一つ葉入り江のヒメシオマネキ個体群の発見．Cancer, 12: 7–9.
鈴木克美・本尾　洋（1969）石川県沿岸のカニ．採集と飼育，31: 192–198.
高田宜武・和田恵次（2011）ツノメガニ（スナガニ科）の日本海沿岸からの初記録．Cancer, 20: 5–8.
Takahashi, M., Suzuki, N. and Koga, T. (2001) Burrow defense behaviors in a sand-bubbler crab, *Scopimera globosa*, in relation to body size and prior residence. Journal of Ethology, 19: 93–96.
高橋定衛（1932a）タイワンチゴガニ *Ilyoplax formosensis* Rathbun の習性．動物学雑誌，44: 407–421.
高橋定衛（1932b）ツノメガニの孔に就いて．科学，2: 328–335.

Takahasi, S. (1935) Ecological notes on the ocypodian crabs (Ocypodidae) in Formosa, Japan. Annotationes Zoologica Japonenses, 15: 78-87,
Takahashi, T., Iwashige, A. and Matsuura, S. (1997) Behavioral manipulation of the shore crab, *Hemigrapsus sanguineus* by the rhizocephalan barnacle, *Sacculina polygenea*. Crustacean Research, 26: 153-161.
Takayama, J. (1996) Population structure of *Ilyoplax pusilla* (Crustacea: Ocypodidae) in the Kurae River Estuary, Amakusa, Kyushu, western Japan. Benthos Research, 50: 19-28.
Takayama, J. and Wada, K. (1992) Are barricading and neighbor burrow-plugging by male crabs of *Ilyoplax pusilla* (Crustacea: Brachyura: Ocypodidae) related to feeding or mating? Journal of Ethology, 10: 103-108.
Takeda, M. (1984) A new crab of the family Grapsidae from Japan. Bulletin of the Natural Science Museum, Tokyo, Series A, 10: 117-120.
武田正倫・古田晋平・宮永貴幸・田村昭夫・和田年史（2011）日本海南西部鳥取県沿岸およびその周辺に生息するカニ類．鳥取県立博物館研究報告，48: 29-94.
Takeda, S. (2003) Mass wandering in the reproductive season by the fiddler crab *Uca perplexa* (Decapoda: Ocypodidae). Journal of Crustacean Biology, 23: 723-728.
Takeda, S. (2005) Sexual difference in behaviour during the breeding season in the soldier crab (*Mictyris brevidactylus*). Journal of Zoology, London, 266: 197-204.
Takeda, S. (2006) Behavioural evidence for body colour signaling in the fiddler crab *Uca perplexa* (Brachyura: Ocypodidae). Journal of Experimental Marine Biology and Ecology, 330: 521-527.
Takeda, S. and Kurihara, Y. (1987) The effects of burrowing of *Helice tridens* (De Haan) on the soil of a salt-marsh habitat. Journal of Experimental Marine Biology and Ecology, 113: 79-89.
Takeda, S., Matsumasa, M. and Kurihara, Y. (1988) Seasonal changes in the stomach contents of the burrowing mud-crab *Helice tridens* (De Haan). The Bulletin of the Marine Biological Station of Asamushi, Tohoku University, 18: 77-86.
Takeda, S., Poovachiranon, S. and Murai, M. (2004) Adaptations for feeding on rock surfaces and sandy sediment by the fiddler crabs (Brachyura: Ocypodidae) *Uca tetragonon* (Herbst, 1790) and *Uca vocans* (Linnaeus, 1758). Hydrobiologia, 528: 87-97.
Takeda, S., Tamura, S. and Washio, M. (1997) Relationship between the pea crab *Pinnixa tumida* and its endobenthic holothurian host *Paracaudina chilensis*. Marine Ecology Progress Series, 149: 143-154.
Takeshita, F. and Murai, M. (2016) The vibrational signals that male fiddler crab (*Uca lactea*) use to attract females into their burrows. The Science of Nature, 103: 49.
田中薫子・浜崎健児・山田　誠・青木美鈴・遊佐陽一・和田恵次（2013）紀伊半島3河川における十脚甲殻類の分布―2011年台風12号による大洪水後の経時変化―．地域自然史と保全，35: 125-140.
Tanaka, M. and Hara, M. (1980) Ecology of *Sesarma* (*Holometopus*) *haematocheir* (de Haan) in Amakusa. I. Long term survey of seasonal changes of activities in field population. Publications from the Amakusa Marine Biological Laboratory, Kyushu

University, 5: 189–200.
Tanaka, Y., Horikoshi, A., Aoki, S. and Okamoto, K. (2013) Experimental exclusion of the burrowing crab *Macrophthalmus japonicus* from an intertidal mud flat: effects on macro-infauna abundance. Plankton and Benthos Research, 8: 88–95.
Thanh, P. D., Wada, K., Sato, M. and Shirayama Y. (2003) Decorating behaviour by the majid crab *Tiarinia cornigera* as protection against predators. Journal of the Marine Biological Association of the United Kingdom, 83: 1235–1237.
Thanh, P. D., Wada, K., Sato, M. and Shirayama, Y. (2005) Effects of resource availability, predators, conspecifics and heterospecifics on decorating behaviour by the majid crab *Tiarinia cornigera*. Marine Biology, 147: 1191–1199.
Tomikawa, N. and Watanabe, S. (1992) Reproductive ecology of the xanthid crabs *Eriphia smithii* McLeay. Journal of Crustacean Biology, 12: 57–67.
Tsuchida, S. and Watanabe, S. (1991) Growth and reproduction of the spider crab, *Tiarinia cornigera* (Latreille) (Brachyura: Majidae). Researches on Crustacea, 20: 43–55.
Tsuchida, S. and Watanabe, S. (1997) Growth and reproduction of the grapsid crab *Plagusia dentipes* (Decapoda: Brachyura). Journal of Crustacean Biology, 17: 90–97.
土屋　誠（2003）種間関係．日本ベントス学会（編），海洋ベントスの生態学，pp. 147–194，東海大学出版会，秦野市．
Tsuchiya, M. and Taira, A. (1999) Population structure of six sympatric species of *Trapezia* associated with the hermatypic coral *Pocillopora damicorinis* with a hypothesis of mechanisms promoting their coexistence. Galaxea, 1: 9–17.
Tsuchiya, M. and Yonaha, C. (1992) Community organization of associates of the scleractinian coral *Pocillopora damicornis*: effects of colony size and interactions among the obligate symbionts. Galaxea, 11: 29–56.
Ueda, K. and Wada, K. (1996) Allocleaning in an intertidal ocypodid crab, *Macrophthalmus banzai*. Journal of Ethology, 14: 45–52.
宇野拓実・宇野政美・和田年史（2012）兵庫県新温泉町の砂浜海岸におけるスナガニ類の出現および生息密度に影響する要因．Humans and Nature, 23: 31–38.
歌代　勤・堀井靖功（1965a）現棲スナガニ *Ocypode stimpsoni* Ortmann の生態と生痕—生痕の生物学的研究・その VI—．新潟大学教育学部高田分校研究紀要，9: 121–141.
歌代　勤・堀井靖功（1965b）コメツキガニ *Scopimera globosa* とチゴガニ *Ilyoplax pusillus* の生態と生痕—生痕の生物学的研究・その VII—．新潟大学教育学部高田分校研究紀要，10: 110–143,
歌代　勤・堀井靖功・松木　保・堀川幸夫（1966）現棲ヤマトオサガニ *Macrophthalmus japonicus* de Haan の生態と生痕—生痕の生物学的研究・その VIII—．新潟大学教育学部高田分校研究紀要，11: 131–145.
歌代　勤・堀井靖功・松木　保・堀川幸夫（1967）現棲アシワラガニ *Helice tridens tridens* de Haan の生態と生痕—生痕の生物学的研究・その IX—．新潟大学教育学部高田分校研究紀要，12: 121–137.
歌代　勤・生痕研究グループ（1969）クロベンケイ *Sesarma* (*Holometopus*) *dehaani* の生態と生痕—生痕の生物学的研究・その XI—．新潟大学教育学部高田分校研究紀要，14: 219–239.

歌代　勤・生痕研究グループ（1974）オサガニ *Macrophthalmus dilatatus* de Haan の生態と生痕ー生痕の生物学的研究・XVー．新潟大学教育学部高田分校研究紀要，19: 221-243.
歌代　勤・生痕研究グループ（1975）アカテガニ *Sesarma* (*Holometopus*) *haematocheir* (De Haan) の生態と生痕ー生痕の生物学的研究・XVIー．新潟大学教育学部高田分校研究紀要，20: 191-221.
歌代　勤・生痕研究グループ（1977）現棲シオマネキ属 *Uca* の生態と生痕ー生痕の生物学的研究・XVIIIー．新潟大学教育学部高田分校研究紀要，22: 113-171.
Vannini, M. and Ruwa, R. K. (1994) Vertical migrations in the tree crab *Sesarma leptosoma* (Decapoda, Grapsidae). Marine Biology, 118: 271-278.
和田恵次（1976）和歌川河口におけるスナガニ科３種の分布ー底質の粒度との関係を中心にしてー．生理生態，17: 321-326.
Wada, K. (1981a) Growth, breeding, and recruitment in *Scopimera globosa* and *Ilyoplax pusillus* (Crustacea: Ocypodidae) in the estuary of Waka River, middle Japan. Publications of the Seto Marine Biological Laboratory, 26: 243-259.
Wada, K. (1981b) Wandering in *Scopimera globosa* (Crustacea: Ocypodidae). Publications of the Seto Marine Biological Laboratory, 26: 447-454.
和田恵次（1982a）コメツキガニとチゴガニの底質選好性と摂餌活動．日本ベントス研究会連絡誌，23: 14-26.
和田恵次（1982b）コメツキガニの性行動．南紀生物，24: 43-46.
Wada, K. (1983a) Temporal changes of spatial distributions of *Scopimera globosa* and *Ilyoplax pusillus* (Decapoda: Ocypodidae) at co-occurring areas. Japanese Journal of Ecology, 33: 1-9.
Wada, K. (1983b) Spatial distributions and population structures in *Scopimera globosa* and *Ilyoplax pusillus* (Decapoda: Ocypodidae). Publications of the Seto Marine Biological Laboratory, 27: 281-291.
Wada, K. (1983c) Movement of burrow location in *Scopimera globosa* and *Ilyoplax pusillus* (Decapoda: Ocypodidae). Physiology and Ecology, Japan, 20: 1-21.
Wada, K. (1984a) Pair formation in the two forms of *Macrophthalmus japonicus* De Haan (Crustacea: Brachyura) at a co-occurring area. Journal of Ethology, 2: 7-10.
Wada, K. (1984b) Barricade building in *Ilyoplax pusillus* (De Haan) (Crustacea: Brachyura). Journal of Experimental Marine Biology and Ecology, 83: 73-88.
Wada, K. (1985) Unique foraging behavior of *Dotillopsis brevitarsis* (Crustacea Brachyura Ocypodidae). Journal of Ethology, 3: 76-78.
和田恵次（1985）白浜沿岸におけるヒメカクオサガニの季節的消長．南紀生物，27: 27-29.
Wada, K. (1986) Burrow usurpation and duration of surface activity in *Scopimera globosa* (Crustacea: Brachyura: Ocypodidae). Publications of the Seto Marine Biological Laboratory, 31: 327-332.
Wada, K. (1987a) Neighbor burrow-plugging in *Ilyoplax pusillus* (Crustacea: Brachyura: Ocypodidae). Marine Biology, 95: 299-303.
Wada, K. (1987b) Use of barricades as foraging sites by *Ilyoplax pusillus* (Crustacea Brachyura: Ocypodidae). Journal of Ethology, 5: 161-164.
Wada, K. (1993) Territorial behavior, and sizes of home range and territory, in relation

to sex and body size in *Ilyoplax pusilla* (Crustacea: Brachyura: Ocypodidae). Marine Biology, 115: 47–52.

Wada, K. (1994) Earthen structures built by *Ilyoplax dentimerosa* (Crustacea, Brachyura, Ocypodidae). Ethology, 96: 270–282.

Wada, K., Choe, B. L. and Park, J. K. (1997) Interspecific burrow association in ocypodid crabs: utilization of burrows of *Macrophthalmus banzai* by *Ilyoplax pingi*. Benthos Research, 52: 15–20.

Wada, K., Choe, L. B., Park, J. K. and Yum, S. S. (1996) Population and reproductive biology of *Ilyoplax pingi* and *I. dentimerosa* (Brachyura: Ocypodidae). Crustacean Research, 25: 44–53.

Wada, K., Komiyama, A. and Ogino, K. (1987) Underground vertical distribution of macrofauna and root in a mangrove forest of southern Thailand. Publications of the Seto Marine Biological Laboratory, 32: 329–333.

Wada, K., Kosuge, T. and Trong, P. D. (1998) Barricade building and neighbor burrow-plugging in *Ilyoplax ningpoensis* (Brachyura, Ocypodidae). Crustaceana, 71: 663–671.

和田恵次・黒田美紀・鎌田磨人（2002）吉野川河口域における塩性湿地内底生動物の分布．鎌田磨人（編），空間的な階層概念に基づく河川生態系の構造と機能の把握，及び環境影響評価方法の確立（平成11年度～平成13年度科学研究費補助金（基盤研究（B）(2)）研究成果報告書，pp. 41–49.

Wada, K. and Murata, I. (2000) Chimney building in the fiddler crab *Uca arcuata*. Journal of Crustacean Biology, 20: 505–509.

Wada, K. and Park, J. K. (1995) Neighbor burrow-plugging in *Ilyoplax pingi* Shen, 1932 (Decapoda, Brachyura, Ocypodidae). Crustaceana, 68: 524–526.

Wada, K. and Sakai, K. (1989) A new species of *Macrophthalmus* closely related to *M. japonicus* (De Haan) (Crustacea: Decapoda: Ocypodidae). Senckenbergiana maritima, 20: 131–146.

和田恵次・土屋　誠（1975）蒲生干潟における潮位高と底質からみたスナガニ類の分布．日本生態学会誌，25: 235–238.

Wada, K. and Wang, C.-H. (1998) Territorial and sexual behavior in *Ilyoplax formesensis* and *I. tansuiensis* (Crustacea, Brachyura, Ocypodidae). Journal of Taiwan Museum, 51: 119–125.

Wada, K., Watanabe, Y. and Kamada, M. (2011) Function of vertical claw-waving in the fiddler crab *Uca arcuata*. Journal of Crustacean Biology, 31: 413–415.

Wada, K. and Wowor, D. (1989) Foraging on mangrove pneumatophores by ocypodid crabs. Journal of Experimental Marine Biology and Ecology, 134: 89–100.

Wada, K., Yum, S. S. and Park, J. K. (1994) Mound building in *Ilyoplax pingi* (Crustacea: Brachyura: Ocypodidae). Marine Biology, 121: 61–65.

和田太一（2012）徳島県の礫浜海岸における四国初記録のキタフナムシとマメアカイソガニ．徳島県立博物館研究報告，22: 69–78.

和田年史・宇野拓実・宇野政美（2015）兵庫県日本海側の砂浜海岸におけるスナガニ類（スナガニ属）の分布と生息密度．Humans and Nature, 26: 21–26.

和田年史・和田恵次（2015）ナンヨウスナガニ（スナガニ科）の日本海沿岸からの初記

録．Cancer, 24: 15–19.
Watanabe, S., Tsuchida, S. and Nakamura, N. (1992) The daily settlement of the megalopae of the grapsid crab, *Plagusia dentipes* De Haan (Brachyura: Grapsidae) in relation to einvironmental factors. Researches on Crustacea, 21: 153–158.
渡部　孟（1976）相模湾産 *Ocypode* 属について．甲殻類の研究，7: 170–177.
渡部哲也（2013）カクレガニにみられる宿主特異性および生活史 ヒラピンノの場合．Cancer, 22: 45–50.
Watanabe, T. and Henmi, Y. (2009) Morphological development of the commensal pea crab (*Arcotheres* sp.) in the laboratory reared specimens. Journal of Crustacean Biology, 29: 217–223.
渡部哲也・伊藤　誠（2001）ツノメガニの大阪湾および，瀬戸内海東部における出現記録．南紀生物，43: 43–44.
渡部哲也・淀　真理・木邑聡美・野元彰人・和田恵次（2012）近畿地方中南部沿岸域におけるスナガニ属４種の分布—2002年と2010年の比較—．地域自然史と保全，34: 27–36.
Williams, A. B. and McDermott, J. J. (1990) An eastern United States record for the Western Indo-Pacific crab, *Hemigrapsus sanguineus* (Crustacea: Decapoda: Grapsidae). Proceedings of the Biological Society of Washington, 103: 108–109.
Yamada, A., Furukawa, F. and Wada, K. (2009) Geographical variations in waving display and barricade-building behaviour, and genetic population structure in the intertidal brachyuran crab *Ilyoplax pusilla* (de Haan, 1835). Journal of Natural History, 43: 17–34.
山口隆男（1970）ハクセンシオマネキの生態（I）．Calanus, 2: 5–30.
Yamaguchi, T.（1971）Courtship behavior of a fiddler crab, *Uca lactea*. Kumamoto Journal of Science, 10: 13–37.
山口隆男（1972）ハクセンシオマネキの生態，II．配偶行動．Calanus, 3: 38–53.
山口隆男（1976）ミナミコメツキガニの生態（予報）．日本ベントス研究会連絡誌，11/12: 22–34.
山口隆男（1978）ハクセンシオマネキの生活史と個体群生態学的研究（予報）．日本ベントス研究会連絡誌，15/16, 10–15.
Yamaguchi, T. (1998a) Longevity of sperm of the fiddler crab *Uca lactea* (De Haan, 1835) (Decapoda, Brachyura, Ocypodidae). Crustaceana, 71: 712–713.
Yamaguchi, T. (1998b) Evidence of actual copulation in the burrow in the fiddler crab, *Uca lactea* (De Haan, 1835) (Decapoda, Brachyura, Ocypodidae). Crustaceana, 71: 565–570.
Yamaguchi, T. (2001a) The breeding period of the fiddler crab, *Uca lactea* (Decapoda, Brachyura, Ocypodidae) in Japan. Crustaceana, 74: 285–293.
Yamaguchi, T. (2001b) The mating system of the fiddler crab, *Uca lactea* (Decapoda, Brachyura, Ocypodidae). Crustaceana, 74: 389–399.
Yamaguchi, T. (2002) Survival rate and age estimation of the fiddler crab, *Uca lactea* (de Haan, 1835) (Decapoda, Brachyura, Ocypodidae). Crustaceana, 75: 993–1014.
Yamaguchi, T., Aratake, H. and Takahashi, T. (1999) Morphological modifications caused by two sacculinid parasites of the grapsid crab *Cyclograpsus intermedius*.

Crustacean Research, 28: 134–152.
山口隆男・小河原温子・野口裕則（1978）コメツキガニの密度調節機構とその実験的解析（予報）．日本ベントス研究会連絡誌，15/16: 18–22.
Yamaguchi, T., Noguchi, Y. and Ogawara, N. (1979) Studies of the courtship behavior and copulation of the sand bubbler crab, *Scopimera globosa*. Publications of the Amakusa Marine Biological Laboratory, Kyushu University, 5: 31–44.
Yamaguchi, T. and Takamatsu, Y. (1980) Ecological and morphological studies on the Japanese freshwater crab, *Geothelphusa dehaani*. Kumamoto Journal of Science, 15: 1–27.
山口隆男・田中雅樹（1974）コメツキガニの生態 I．個体群構造の季節的変化について．日本生態学会誌，24: 165–174.
Yamaguchi, T., Tokunaga, S. and Aratake, H. (1994) Contagious infection by the rhizocephalan parasite *Sacculina* sp. in the grapsid crab *Hemigrapsus sanguineus* (De Haan). Crustacean Research, 23: 89–101.
山本靖子・和田恵次（in press）ハクセンシオマネキとチゴガニの間には生息場所利用・個体間関係において競争的関係がみられるか？ 日本ベントス学会誌.
Yamasaki, I., Yoshizaki, G., Yokota, M., Strüssmann, C. A. and Watanabe, S. (2006) Mitochondrial DNA variation and population structure of the Japanese mitten crab *Eriocheir japonica*. Fisheries Science, 72: 299–309.
淀　真理・渡部哲也・中西夕香・酒野光世・木邑聡美・野元彰人・和田恵次（2006）南方系種を含むスナガニ属３種の和歌山市における生息状況：2000–2003年．日本ベントス学会誌，61: 2–7.
Yokoyama, H., Tamaki, A., Koyama, K., Ishihi, Y., Shimoda, K. and Harada, K. (2005) Isotopic evidence for phytoplankton as a major food source for macrobenthos on an intertidal sandflat in Ariake Sound, Japan. Marine Ecology Progress Series, 304: 101–116.
吉村郊子・和田恵次（1992）チゴガニにおける繁殖活動の季節性．甲殻類の研究，21: 125–138.
Zayasu, Y. and Wada, K. (2010) A translocation experiment explains regional differences in the waving display of the intertidal brachyuran crab *Ilyoplax pusilla*. Journal of Ethology, 28: 189–194.
Zucker, N. (1977) Neighbor dislodgement and burrow-filling activities by male *Uca musica terpsichores*: a spacing mechanism. Marine Biology, 41: 281–286.

あとがき

私がカニの研究を始めたのは，昭和47年（1972年）であった．仙台市の蒲生干潟でカニ類の分布を調べに原動機付バイクで通っていた．その途上父（和田宏）危篤の報を受け，仙台から夜行列車にゆられて和歌山に飛んで帰ったが，既に父の息は絶えていた．父の言葉「人間は一生好きなことをやり通すのが一番幸せだ．自分の好きなことをやり通すことだ」を糧に，私はその後研究を止めることなく45年間続けてきた．主たる研究対象は潮間帯特に干潟のカニ類であったが，その研究の軌跡を，すみ場所の違いに沿ってとりまとめてみた．併せて，日本で行われてきた潮間帯性カニ類の生態学的研究を概観してみた．そこでは1960年代以降を中心とした研究成果を取り上げたが，分野によっては引用できていない貴重な成果があるかもしれない．その点は切にご容赦願いたい．

日本の潮間帯性カニ類の生態学的研究は，九州大学理学部におられた小野勇一博士と村井　実博士，それに熊本大学理学部におられた山口隆男博士による貢献が大きい．小野勇一氏は，干潟のスナガニ類の分布特性をその生活様式と関連付けてまとめられ，続いてイワガニ類の生活史を生息場所特性と結びつけた研究を，五嶋聖治博士ら多くのお弟子さんとともに進められた．村井　実氏は，小野勇一氏の研究室に助教授として着任後，それまで専門としていた昆虫類の個体群生態学的研究から，干潟のカニ類の行動生態学をテーマに掲げ，同じ研究室に大学院生として在籍していた逸見泰久博士や古賀庸憲博士とともに多くの研究成果を上げてこられた．小野勇一氏は途中で研究テーマを哺乳類の保全生態学に移されたが，村井　実氏は，大学を退職してからも引き続きシオマネキ類の行動生態研究に打ち込んでおられ，またお弟子さんの逸見氏（現熊本大学教授），古賀氏（現和歌山大学教授）とも引き続き干潟のスナガニ類の行動生態学を進めている．

一方熊本大学の山口隆男氏は，村井氏がシオマネキ類の研究を始める前より，ハクセンシオマネキの個体群生態学的研究を，熊本大学合津臨海実験所周辺の干潟で長年にわたり続けていた．山口氏が長年集めたハクセンシオマネキの生態情報は，晩年近くになって雑誌『Crustaceana』に立て続けに発表されて開花することになる．山口氏はハクセンシオマネキの生態にとどまらず，コメツキガニやミナミコメツキガニなどの個体群生態学的研究も発表しているが，ほかにカニ類の示すはさみ脚の左右性についても，大量のデータを集めては，種による左右性の特徴をまとめている．特にハクセンシオマネキの雄のはさみ脚が巨大化する発生上のメカニズムを明らかにした研究は有名である．

私が大学院生として在籍していた京都大学理学部でも，当時の指導教官であった原田英司博士・川那部浩哉博士は，最初の生態学研究を干潟のコメツキガニを材料に行っておられた．また私が学部学生として在籍していた東北大学理学部では，私の指導教官であた栗原　康博士が，武田　哲博士や松政正俊博士，岡本一利博士らと干潟のカニ類特にイワガニ類の生態学的研究を進められた．

カニ類の多様性が最も高い沖縄でも，カニ類の生態学的研究が活発に行われてきた．仲宗根幸男博士は，スナガニ類のみならず，他の分類群のカニ類の生態・分類を数多く手掛けられた．仲宗根氏とほぼ同世代の諸喜田茂充博士は，淡水エビ類の生活史が主たる研究テーマではあるが，マングローブ湿地のカニ類の摂餌生態にも目を向けられていた．仲宗根氏，諸喜田氏と同じ琉球大学におられた土屋　誠博士は，造礁サンゴに共生するサンゴガニ類の共存機構やマングローブ湿地のカニ類がマングローブ生態系に果たす役割などに注目した研究で成果を上げられている．

東京湾のベントスの研究で著名な風呂田利夫博士（元東邦大学教授）は，スナガニ類の生態学的研究から始まって，イッカククモガニやチチュウカイミドリガニといった外来性の種の個体群生態学で成果を上げてこられた．そのお弟子さんにはヒライソガニの生活史を研究された飯島明子博士や稀少種ウモレベンケイガニの系統地理学の柚原　剛博士がおられる．風呂田氏と同じ関東地区におられて，水産有用種を中心にしたカニ類の生活史を様々な種で調べられたのは渡辺精一博士（元東京海洋大学教授）であり，お弟子さんには土井　航博士や伏屋玲子博士がおられる．

私が行ってきたカニ類の研究は本書に記された通り，学位を取るまでは，干潟のスナガニ類の分布生態がテーマで，その間，東北大学では栗原　康先生や矢島孝昭先生，土屋　誠博士らの指導をもらいながら卒業研究を進め，京都大学では森下正明先生，川那部浩哉先生，滝　明夫先生，時岡　隆先生，原田英司先生，西平守孝先生，伊藤立則先生らの指導をもらいながら博士論文の研究を行った．京都大学理学部附属瀬戸臨海実験所の助手の頃は，スナガニ類の社会生態とともに，マングローブ湿地のカニ類の生態やイワガニ類の生態についても研究領域を広げていった．瀬戸臨海実験所の後輩大学院生には転石海岸のイワガニ類の比較生活史で著名な成果を上げられた福井康雄博士やアナジャコ・スナモグリ類に共生する甲殻類・貝類に関して画期的な観察をされた伊谷行博士がいる.

私は，平成元年に奈良女子大学理学部に着任してからもスナガニ類の社会生態やマングローブ湿地のカニ類の生態をテーマにしながら，奈良女子大学の学生の卒業研究，修士研究，博士研究のテーマに参画してきた．本書に取り上げた研究を遂行したのは，青木美鈴さん，藤原由里加さん，古川文美子さん，飯開理恵さん，長谷川洋美さん，乾井貴美子さん，石原美穂さん，笠谷麻美さん，川本真夕子さん，川根昌子さん，北浦　純さん，黒田美紀さん，宮嶋　彩さん，森糸真樹さん，村上由希子さん，村田伊住さん，長橋　蘭さん，中川友加里さん，中山真理子さん，奈良有夏さん，大畠麻里さん，大野恭子さん，奥井智子さん，大島恭子さん，坂上真希さん，佐々木仁美さん，佐藤路子さん，下司宙子さん，高山順子さん，田中薫子さん，Phan Due Thanh さん，上田薫利さん，渡邉陽子さん，山田敦子さん，山田有紗さん，山本靖子さん，吉原　望さん，吉村郊子さん，座安佑奈さんである．指導学生以外の共同研究者には，奈良女子大学の名越　誠元教授・遊佐陽一教授・酒井　敦教授，大阪芸術大学短期大学部の福井康雄教授，京都大学の白山義久元教授・堀　道雄元教授・渡辺勝敏博士，神戸大学の三村徹郎教授，宮崎大学の三浦知之教授，徳島大学の鎌田磨人教授，和歌山大学の古賀庸憲教授，琉球大学の土屋　誠元教授・村井　実元教授・今井秀行教授，北海道大学の和田　哲博士，東北大学の青木優和教授，愛媛大学の荻野和彦元教授，岐阜大学の小見山章教授，東京大学の西田　睦元教授，四国大学の酒井勝司元教授ら大学関係者に加え，中岡由起子氏，井口利枝子氏，渡部哲也博士，岸野　底博士，野元彰人氏，木邑聡美氏，淀　真理氏，唐澤恒夫氏，國里美樹氏，酒野光世氏，米沢俊彦氏，堀井　亨氏，駒井智幸博士，高田宣高博士，浜崎健児博士，山田　誠博士，和田年史博士，田中宏典博士，小菅丈治博士，それに海外では Anson Hines・John Christy（USA），Patricia Backwell（Australia），Colin McLay・ Andrew Lohrer（New Zealand），Byung Lae Choe・Joong Ki Park・Seung Shic Yum（韓国），Chia Hsiang Wang（台湾），Do Van Nhuong・ Pham Dinh Trong（Vietnam），Daisy Wowor（Indonesia）が挙げられる．これら多くの方々の協力を得て，潮間帯性カニ類の生態，行動，分類，系統進化を扱ってきた．

私が行ってきた研究は，様々な種がもっている様々な生物現象を解き明かそうという姿勢で貫かれている．研究を通して得られた生態的特性，行動的特性，形態的特性の情報から，生態学上の理念や分類学への貢献，あるいは系統進化への論究を進めてきた．理論先行型の研究スタイルとは対極をなすものである．当然その内容はまず現象記載から始まるものであり，それは成果のみえにくい研究となってしまう．そのため，研究費を獲得するための申請書にまとめる研究計画はどうしても雑駁な内容となってしまい，最近は外部資金を獲得することが困難になってきていた．しかし新しい生物現象を発見できるのは，現象記載から始まる研究からしかない．理論先行型の研究では，前提にしている理論に拘束されたデータしか得られないからである．チゴガニが示すいやがらせ行動やヒメヤマトオサガニが示す奉仕行動などの発見は，私の研究スタイルから生まれたものだと自負している．ところが，現象記載から始まるような研究が生き続けるのは困難な時代になってきた．大学の教員に配分される研究費は，かつてのような基本給支給の体質から，成果対応型支給の体質に変わりつつある．目的が明確でかつ実効性が高く，かつ内容的には多くの研究者が追い求めるような流行の強いものが優遇されるようになった．日本の科学界からはノーベル賞がとれるような新しい発見を生み出す研究がこれから衰退していくことを憂うのである．

現象記載先行型の研究でそれなりに成果を上げてこられたのは，とりもなおさず上掲した多くの指導者や共同研究者による協力のおかげであり，ここにこれらの方々への謝意を表したい．そして私の学生時代の研究生活を支えてくれた母八重子と，私が職を得てからの長い研究生活を支えてくれた妻紀子に感謝したい．

最後になるが，本書の企画に賛同いただき，出版まで様々なお世話になった東海大学出版部の稲　英史氏に心よりお礼申し上げる．

平成28年10月

学名・和名索引

フ

ヘ

ホ

マ

ミ

ム

メ

モ

ヤ

ユ

ヨ

ラ

リ

ル

ワ

事項索引

れ

ろ

わ

著者紹介

和田恵次（わだ　けいじ）

奈良女子大学名誉教授，理学博士

1950年　和歌山市生まれ
1979年　京都大学大学院理学研究科博士課程単位認定退学
京都大学理学部助手，奈良女子大学助教授・教授を経て2016年退職．現在いであ株式会社大阪支社技術顧問
主著　『原色検索日本海岸動物図鑑 II』（分担執筆，保育社，1995），『動物の自然史―現代分類学の多様な展開』（分担執筆，北海道大学図書刊行会，1995），『干潟の自然史　砂と泥に生きる動物たち』（単著，京都大学学術出版会，2000），『海洋ベントスの生態学』（分担執筆，東海大学出版会，2003），『河川汽水域　その環境特性と生態系の保全・再生』（分担執筆，技報堂出版，2008），『干潟の絶滅危惧動物図鑑　海岸ベントスのレッドデータブック』（分担執筆，東海大学出版会，2012），『Treatise on Zoology - Anatomy, Taxonomy, Biology The Crustacea Vol. 9 Part C-1 Decapoda: Brachyura (Part 1)』（分担執筆，Brill NV，2015）

日本のカニ学　**川から海岸までの生態研究史**

2017年3月20日　第1版第1刷発行

著　者　和田恵次
発行者　橋本敏明
発行所　東海大学出版部
〒259-1292　神奈川県平塚市北金目4-1-1
TEL 0463-58-7811　FAX 0463-58-7833
URL http://www.press.tokai.ac.jp/
振替　00100-5-46614
印刷所　港北出版印刷株式会社
製本所　誠製本株式会社

ISBN978-4-486-02134-6